中国森林资源报告

（2009—2013）

国家林业局

图书在版编目（ＣＩＰ）数据

中国森林资源报告(2009-2013) / 国家林业局编制 . ——
北京 ：中国林业出版社，2014.6
ISBN 978-7-5038-7424-6

Ⅰ. ①中… Ⅱ. ①国… Ⅲ. ①森林资源－调查报告－
中国 Ⅳ. ① S757.2

中国版本图书馆 CIP 数据核字 (2014) 第 060212 号
审图号：GS (2014) 1171 号

出 版　中国林业出版社 (100009　北京西城区德内大街刘海胡同 7 号)
发 行　中国林业出版社
印 刷　北京中科印刷有限公司
版 次　2014 年 6 月第 1 版
印 次　2014 年 6 月第 1 次
开 本　889mm×1194mm　1/16
印 张　5.5
插 页　4
字 数　185 千字
定 价　80.00 元

序

　　森林具有生态、经济、社会、文化、碳汇等多种功能，是陆地生态系统的主体和重要资源。森林既为人类提供了木材、食品、能源、药材等众多的物质产品，又为人类提供了固碳释氧、涵养水源、保持水土、净化空气、防风固沙、保护生物多样性等丰富的生态产品，还为人类提供了休闲度假、生态旅游和文化传承的重要场所，人类生存发展和繁荣进步永远也离不开森林的保障和支撑。丰富的森林资源，是生态良好的重要标志，也是经济发展的重要基础。

　　新中国成立以来特别是改革开放以来，党中央、国务院高度重视森林资源培育和保护工作，我国森林资源连续多年持续稳定增长，为维护国家生态安全和保障经济社会发展发挥了重要作用。为准确掌握我国森林资源变化情况，国务院林业主管部门根据《森林法》、《森林法实施条例》的有关规定，自20世纪70年代开始，建立了以5年为周期的国家森林资源连续清查制度。截至2013年，全国已完成8次森林资源清查工作，摸清了资源"家底"，提供了决策依据。

　　全国第八次森林资源清查工作于2009年开始，历时5年，清查面积957.67万平方千米，实测固定样地41.50万个，判读遥感样地284.44万个。据不完全统计，参与本次清查工作的技术人员近2万人，投入工作量128万个工作日。

清查结果显示，我国森林资源总体上呈现数量持续增加、质量稳步提升、效能不断增强的良好发展态势。全国森林面积 2.08 亿公顷，森林覆盖率 21.63%，森林蓄积 151.37 亿立方米；其中人工林面积 6933 万公顷，蓄积 24.83 亿立方米，人工林面积继续保持世界首位；森林植被总碳储量 84.27 亿吨。与第七次清查结果相比，全国森林面积增加 1223 万公顷，增长 6.26%，森林覆盖率上升 1.27 个百分点；森林蓄积增加 14.16 亿立方米，增长 10.32%；森林每公顷蓄积量 89.79 立方米，增加 3.91 立方米，森林资源质量稳步提高。

当前，我国正处于全面建成小康社会、实现中华民族伟大复兴中国梦的关键阶段，无论是为建设生态文明和美丽中国创造更好的生态条件，还是为广大人民群众提供更多的生态福祉，都对我国森林资源的总量和质量提出了新的更高要求。目前，我国仍然是一个缺林少绿、生态脆弱的国家，森林覆盖率远低于全球 31% 的平均水平，人均森林面积仅为世界人均水平的 1/4，人均森林蓄积只有世界人均水平的 1/7，森林资源总量不足、质量不高、分布不均的状况仍未得到根本改变，难以满足经济社会发展的新要求和人民群众的新期待。尤其是在工业化、城镇化不断推进的新形势下，严守森林和林地、湿地等生态保护红线，增强自然生态系统功能，实现生态环境良好目标，任重而道远。

根据第八次全国森林资源清查结果，国家林业局编辑出版的《中国森林资源报告》，介绍了我国森林资源的现状与动态变化、区域分布与资源特征、生态功能与生态效益，以及保护发展森林资源的目标与对策。希望该书的出版，能够让社会公众全面了解我国森林资源现状，更加自觉地保护发展森林资源，共同为实现我国森林增长目标贡献力量。特别是全国林业工作者要认真学习贯彻习近平总书记的重要批示精神，正确对待成绩，认真分析差距，全面深化林业改革，创新林业治理体系，充分调动各方面造林育林护林积极性，切实加强森林资源保护管理，扎实推进森林科学经营，稳步扩大森林面积，提升森林质量，增强森林生态功能，为建设生态文明和美丽中国创造更好的生态条件。

2014 年 6 月

目 录

第 一 章　中国森林资源概况

第 一 章　中国森林资源概况

中国地域辽阔，江河湖泊众多、山脉纵横交错，复杂多样的地貌类型以及纬向、经向和垂直地带的水热条件差异，形成复杂的自然地理环境，孕育了生物种类繁多、植被类型多样的森林资源，为人类提供了丰富的生态产品、林产品和生态文化产品。根据第八次全国森林资源清查结果，全国森林面积 20769 万公顷，森林覆盖率 21.63%。活立木总蓄积 164.33 亿立方米，森林蓄积 151.37 亿立方米[①]。森林面积列世界第 5 位，森林蓄积列世界第 6 位，人工林面积继续保持世界首位。

第一节　林地面积和林木蓄积

一、林地面积

林地是用于培育、恢复和发展森林植被的土地。包括有林地、疏林地、灌木林地、未成林地、苗圃地、无立木林地、宜林地和其它林地。全国林地面积 31046 万公顷，其中：有林地 19117 万公顷，疏林地 401 万公顷，灌木林地 5590 万公顷，未成林地 711 万公顷，宜林地 3958 万公顷，其它林地 1269 万公顷（包括苗圃地、无立木林地和林业辅助生产用地），各类林地面积比例如图 1-1 所示。

有林地面积中，乔木林 16460 万公顷，占 86.10%；经济林 2056 万公顷，占 10.76%；竹林 601 万公顷，占 3.14%。黑龙江、云南、内蒙古、四川、广西、江西有林地面积较大（占全国面积比例 5% 以上），6 省（自治区）合计 8904 万公顷，占全国的 46.57%。

[①] 本报告所涉及的全国性数据，除全国森林面积、森林覆盖率、森林蓄积和活立木总蓄积，以及全国人均森林面积、人均森林蓄积外，其它数据均不含香港、澳门特别行政区和台湾省森林资源数据。

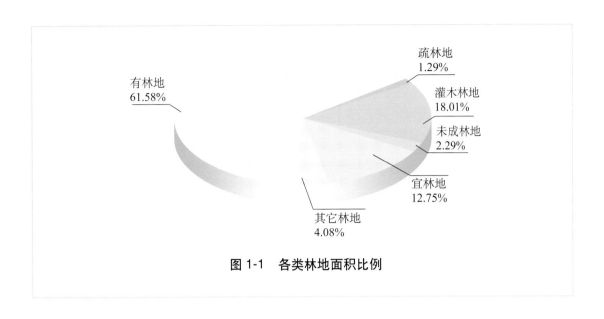

图 1-1 各类林地面积比例

二、林木蓄积

林木蓄积是一定范围土地上现存活立木材积的总量，也称活立木总蓄积，包括森林蓄积、疏林蓄积、散生木蓄积和四旁树蓄积。全国活立木总蓄积164.33亿立方米。其中，森林蓄积151.37亿立方米，疏林蓄积1.06亿立方米，散生木蓄积7.89亿立方米，四旁树蓄积4.01亿立方米，各类林木蓄积比例如图1-2所示。森林蓄积主要分布在西南高山林区和东北、内蒙古林区，其中西藏、云南、四川、黑龙江、内蒙古、吉林等省（自治区）森林蓄积较多，6省（自治区）合计占全国的64.60%。

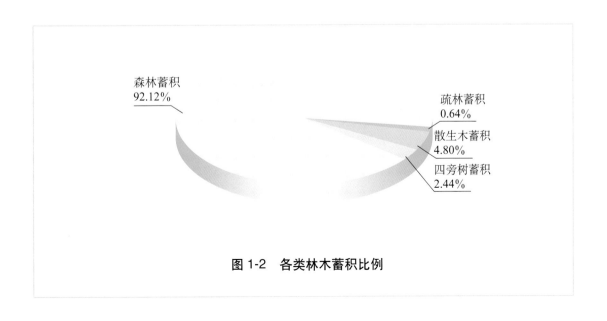

图 1-2 各类林木蓄积比例

第二节　森林资源结构

林种结构、龄组结构和树种结构分别反映了森林资源的用途、年龄分布和树种组成，在一定程度上体现出森林资源的质量、功能和经营状况。

一、林种结构

根据《森林法》，中国森林划分为防护林、用材林、经济林、薪炭林、特种用途林（简称特用林）。在充分发挥森林多种功能的前提下，按照主要用途的不同，将防护林和特用林归为公益林，将用材林、经济林、薪炭林归为商品林。

森林面积按林种分，防护林 9967 万公顷，占 48.49%；特用林 1631 万公顷，占 7.94%；用材林 6724 万公顷，占 32.71%；薪炭林 177 万公顷，占 0.86%；经济林 2056 万公顷，占 10.00%。森林蓄积按林种分，防护林 79.48 亿立方米，占 53.78%；特用林 21.70 亿立方米，占 14.68%；用材林 46.02 亿立方米，占 31.14%；薪炭林 0.59 亿立方米，占 0.40%。公益林与商品林的面积之比为 56:44，蓄积之比为 68:32。森林面积、蓄积各林种构成如图 1-3，1-4 所示。

根据用途不同，将经济林分为果树林、食用原料林、林化工业原料林、药用林和其它经济林等类型。其中，果树林 1132 万公顷，食用原料林 552 万公顷，林化工业原料林 192 万公顷，药用林 39 万公顷，其他经济林 141 万公顷。经济林各类型面积比例如图 1-5 所示。云南、广西、湖南、辽宁、陕西、广东、江西、浙江经济林面积较大，

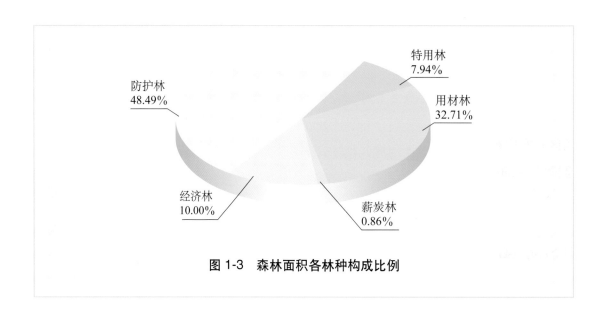

图 1-3　森林面积各林种构成比例

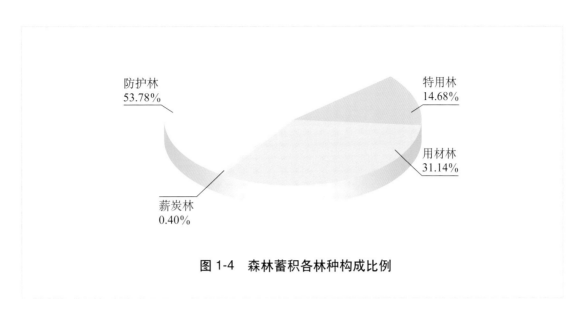

图1-4　森林蓄积各林种构成比例

防护林
53.78%

特用林
14.68%

用材林
31.14%

薪炭林
0.40%

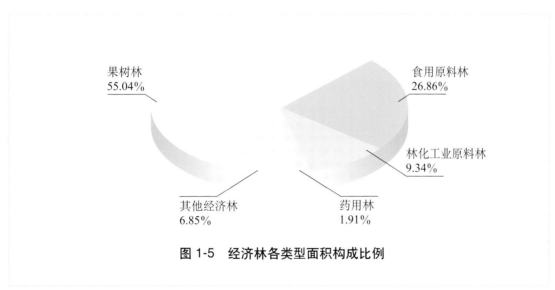

图1-5　经济林各类型面积构成比例

果树林
55.04%

食用原料林
26.86%

林化工业原料林
9.34%

其他经济林
6.85%

药用林
1.91%

8省（自治区）合计1131万公顷，占全国经济林面积的54.99%。果树林较多的省（自治区）有广东、陕西、山东、河北、广西、辽宁、云南、浙江，8省（自治区）合计占全国的54.60%。

经济林面积按经营状况分，实施集约经营的占42.40%，一般经营水平的占47.96%，处于荒芜或老化状态的占9.64%；按产期分，产前期占14.94%，初产期占21.57%，盛产期占55.84%，衰产期占7.65%。

二、龄组结构

根据树种生物学特性、生长过程及森林经营要求，将乔木林按年龄阶段划分为幼龄林、中龄林、近熟林、成熟林和过熟林。幼龄林面积5332万公顷，蓄积16.30亿立方米；中龄林面积5311万公顷，蓄积41.06亿立方米；近熟林面积2583万公顷，蓄积30.34亿立方米；成熟林面积2176万公顷，蓄积35.64亿立方米；过熟林面积1058万公顷，蓄积24.45亿立方米。乔木林各龄组面积和蓄积比例如图1-6所示。乔木林面积中，中幼龄林比例较大，占64.66%，中幼龄林面积比例超过70%的有17个省（自治区、直辖市）。而近成过熟林面积仅占35.34%，主要分布在内蒙古、西藏、黑龙江、四川、云南、吉林（占全国面积比例5%以上），6省（自治区）合计3752万公顷，占全国的64.51%。

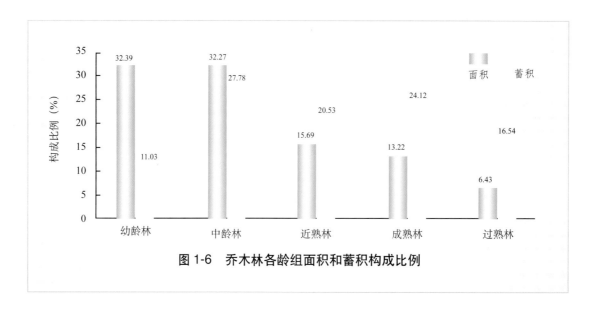

图1-6 乔木林各龄组面积和蓄积构成比例

三、树种结构

我国树种资源极其丰富，有木本植物8000余种，约占世界的54%。其中，乔木树种2000余种。乔木林按优势树种（组）统计，面积比重排名前10位的有栎树、桦木、杉木、落叶松、马尾松、杨树、云南松、桉树、云杉、柏木，面积合计8649万公顷，占全国的52.54%；蓄积合计70.15亿立方米，占全国的47.47%。乔木林主要优势树种（组）面积和蓄积见表1-1。

栎树林和杨树林在全国各省（自治区、直辖市）均有分布，栎树林在陕西、内蒙古、黑龙江、云南、四川、吉林等省（自治区）分布较多，6省（自治区）面积合计占全国

表 1-1 乔木林主要优势树种（组）面积和蓄积

优势树种（组）	面 积（万公顷）	面积比例（%）	蓄 积（亿立方米）	蓄积比例（%）
栎 树	1672	10.15	12.94	8.76
桦 木	1126	6.84	9.18	6.21
杉 木	1096	6.66	7.26	4.91
落叶松	1069	6.50	10.01	6.77
马尾松	1001	6.08	5.91	4.00
杨 树	997	6.06	6.24	4.22
云南松	455	2.76	5.02	3.40
桉 树	446	2.71	1.60	1.09
云 杉	421	2.56	9.99	6.76
柏 木	366	2.22	2.00	1.35
10 个树种合计	8649	52.54	70.15	47.47

的 62.93%，蓄积合计占全国的 72.52%；杨树林在内蒙古、黑龙江、河南、山东、江苏、吉林等省（自治区）分布较多，6 省（自治区）面积合计占全国的 66.23%，蓄积合计占全国的 64.44%。马尾松和杉木林主要分布在南方集体林区，马尾松林在广西、江西、湖北、湖南等省（自治区）较多，4 省（自治区）面积合计占全国的 46.80%，蓄积合计占全国的 37.93%；杉木林在湖南、江西、福建、广西等省（自治区）较多，4 省（自治区）面积合计占全国的 59.67%，蓄积合计占全国的 59.96%。桦木和落叶松林主要集中分布在东北、内蒙古林区，以内蒙古和黑龙江 2 省（自治区）最多，2 省（自治区）合计，桦木林面积占全国的 82.32%，蓄积占全国的 80.89%；落叶松林面积占全国的 79.51%，蓄积占全国的 77.25%。

第三节 森林资源质量

衡量森林资源质量的重要指标包括乔木林单位面积蓄积量、单位面积生长量、单位面积株数、平均胸径、平均郁闭度、群落结构、树种结构、自然度、森林灾害和森林健康状况等。全国乔木林每公顷蓄积量为 89.79 立方米，每公顷年均生长量为 4.23 立方米，每公顷株数为 953 株，平均胸径为 13.6 厘米，平均郁闭度为 0.57。乔木林面积中，群落结构完整的占 63.46%，结构较完整的占 33.96%，结构简单的占 2.58%；纯林占 61.01%，混交林占 38.99%；人为干扰较小、处于原始和接近原始状态的占 4.08%，人为干扰较大、处于次生状态或人工类型的占 95.92%。

根据乔木林遭受火灾、病虫害、气候灾害（风、雪、水、旱）和其它灾害的程度，划分为轻度、中度和重度三个受害等级。乔木林受灾面积 2876 万公顷，占乔木林面积的 17.47%。其中，重度灾害的占 10.75%，中度灾害的占 23.11%，轻度灾害的占 66.14%。乔木林各类受灾面积中，遭受气候灾害的占 51.01%，遭受森林病虫害的占 36.66%，遭受火灾的占 8.86%，遭受其它灾害的占 3.47%。按林木生长发育状况和受灾情况，评定乔木林健康状况，处于健康等级的面积占 74.50%，处于亚健康、中健康和不健康等级的面积分别占 18.57%、4.87% 和 2.06%。

综合利用反映森林资源质量的指标，采用层次分析法和专家咨询法，对我国乔木林质量进行评定。乔木林质量等级好的占 18.51%，中等的占 68.45%，差的占 13.04%。经综合评价，乔木林质量指数为 0.62，质量整体上处于中等水平。乔木林质量指数达到 0.62 以上的有西藏、吉林、四川、福建和云南等 5 省（自治区），以西藏自治区最高，为 0.72。

第四节　森林生态功能效益

森林具有涵养水源、保育土壤、固碳释氧、调节气候、净化环境、保护生物多样性等多种生态功能。综合森林质量、结构和受干扰程度等多方面因素，对乔木林生态功能状况评定为好、中、差 3 个等级。乔木林生态功能等级为好的面积占 12.81%，中等的面积占 79.39%，差的面积占 7.80%。全国乔木林生态功能指数平均为 0.55，乔木林生态功能处于中等水平。生态功能等级为好的乔木林主要分布在东北的大兴安岭、长白山林区，西南的川西林区和滇西北林区，西藏的林芝、波密林区，福建的武夷山以及海南的五指山等林区。

中国林业科学研究院依据第八次清查结果和森林生态定位监测结果综合评估，全国森林植被总生物量 170.02 亿吨，总碳储量达 84.27 亿吨。森林年涵养水源量 58.07 百亿立方米，年固土量 81.91 亿吨，年保肥量 4.30 亿吨，年吸收污染物量 0.38 亿吨，年滞尘量 58.45 亿吨。

第 二 章 森林资源类型

第 二 章　森林资源类型

中国地域广阔，森林资源类型多样。根据森林的起源，可以分为天然林和人工林资源；根据森林的权属，可以分为国有林和集体林资源；根据地类的不同，又可分乔木林、竹林、红树林、疏林和灌木林资源等。

第一节　天然林和人工林资源

起源是反映森林资源结构状况的最重要指标。森林资源清查中，按起源将森林分为天然林和人工林。

一、天然林资源

天然林是自然界中结构最复杂、功能最完备的陆地生态系统，是我国森林资源的主体，在维护生态平衡、应对气候变化、保护生物多样性中发挥着关键作用。随着天然林资源保护二期工程的实施，天然林资源得到了有效保护和发展。

天然林面积 12184 万公顷，占有林地面积的 63.73%；蓄积 122.96 亿立方米，占森林蓄积的 83.20%。历次清查全国天然林面积和蓄积如图 2-1 所示。

天然林面积中，乔木林 11753 万公顷，占 96.47%；经济林 71 万公顷，占 0.58%；竹林 360 万公顷，占 2.95%。黑龙江、内蒙古、云南、四川、西藏、江西、吉林等省（自治区）天然林较多，7 省（自治区）面积合计占全国的 61.18%，蓄积合计占全国的 74.88%。

天然林每公顷蓄积量 104.62 立方米，每公顷年均生长量 3.71 立方米，每公顷株数 981 株，平均胸径 14.1 厘米，平均郁闭度 0.59。天然乔木林面积中，纯林占 51%，混

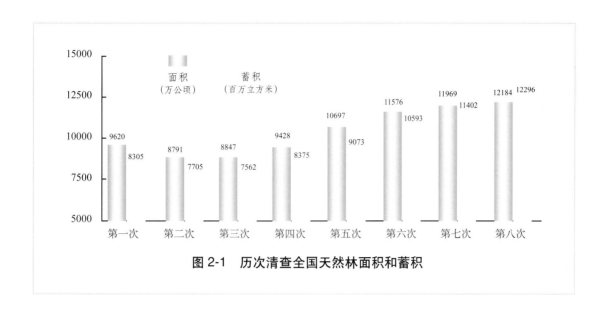

图 2-1　历次清查全国天然林面积和蓄积

交林占 49%。

（一）林种结构

天然林按林种分，防护林面积 6867 万公顷，蓄积 71.08 亿立方米；特用林面积 1287 万公顷，蓄积 20.83 亿立方米；用材林面积 3808 万公顷，蓄积 30.50 亿立方米；薪炭林面积 151 万公顷，蓄积 0.55 亿立方米；经济林面积 71 万公顷。天然林中，防护林比例较大，面积、蓄积均占一半以上。天然林各林种面积和蓄积比例如图 2-2 所示。

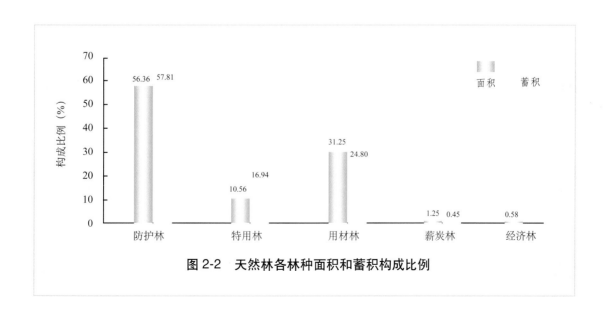

图 2-2　天然林各林种面积和蓄积构成比例

（二）龄组结构

天然乔木林按龄组分，幼龄林面积 3466 万公顷，蓄积 12.73 亿立方米；中龄林面积 3797 万公顷，蓄积 31.79 亿立方米；近熟林面积 1915 万公顷，蓄积 24.53 亿立方米；成熟林面积 1666 万公顷，蓄积 30.80 亿立方米；过熟林面积 909 万公顷，蓄积 23.11 亿立方米。中幼龄林面积占 61.79%，蓄积占 36.21%；近成过熟林面积占 38.21%，蓄积占 63.79%。天然乔木林各龄组面积和蓄积比例如图 2-3 所示。

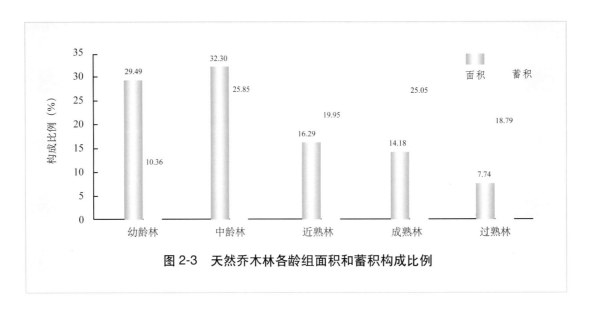

图 2-3 天然乔木林各龄组面积和蓄积构成比例

（三）树种结构

天然乔木林按优势树种（组）分，面积排名前 10 位的是：栎树、桦木、落叶松、马尾松、云南松、云杉、冷杉、柏木、杉木和高山松，面积合计 5853 万公顷，占天然乔木林面积的 49.80%；蓄积合计 66.49 亿立方米，占天然乔木林蓄积的 54.08%。天然乔木林主要优势树种（组）面积和蓄积见表 2-1。

二、人工林资源

人工林是陆地生态系统的重要组成部分，在恢复和重建森林生态系统，提供林木产品、改善生态环境等方面发挥着越来越重要的作用。从历次森林资源清查结果看，我国人工林资源保持持续增长的趋势，特别是 20 世纪 90 年代后进入了较快增长时期。

人工林面积 6933 万公顷，占有林地面积的 36.27%；人工林蓄积 24.83 亿立方米，占森林蓄积的 16.80%。历次清查全国人工林面积和蓄积如图 2-4 所示。

表 2-1 天然乔木林主要优势树种（组）面积和蓄积

优势树种（组）	面积（万公顷）	面积比例（%）	蓄积（亿立方米）	蓄积比例（%）
栎 树	1610	13.70	12.81	10.42
桦 木	1112	9.46	9.14	7.43
落叶松	756	6.43	8.17	6.65
马尾松	694	5.91	4.19	3.41
云南松	410	3.49	4.77	3.88
云 杉	385	3.27	9.87	8.03
冷 杉	308	2.62	11.65	9.47
柏 木	220	1.87	1.39	1.13
杉 木	202	1.72	1.01	0.82
高山松	156	1.33	3.49	2.84
10 个树种合计	5853	49.80	66.49	54.08

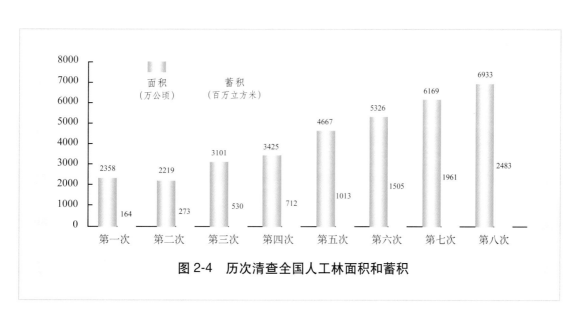

图 2-4 历次清查全国人工林面积和蓄积

人工林面积中，乔木林 4707 万公顷，占 67.89%；经济林 1985 万公顷，占 28.64%；竹林 241 万公顷，占 3.48%。人工林面积较多（面积占全国的 5% 以上）的省份有广西、广东、湖南、四川、云南、福建，6 省（自治区）人工林面积、蓄积合计均占全国的 41.94%。广西人工林面积最大，占全国的 9.15%；福建人工林蓄积最多，占全国的 10.01%。

人工林每公顷蓄积量 52.76 立方米，每公顷年均生长量 5.49 立方米，每公顷株数 884 株，平均胸径 12.0 厘米，平均郁闭度 0.51。人工林面积中，纯林占 85%，混交林占 15%。

（一）林种结构

人工林按林种分，防护林面积 1853 万公顷，蓄积 8.40 亿立方米；特用林面积 153 万公顷，蓄积 0.87 亿立方米；用材林面积 2916 万公顷，蓄积 15.52 亿立方米；薪炭林面积 26 万公顷，蓄积 0.04 亿立方米；经济林面积 1985 万公顷。人工林中，用材林比例较大，面积占 42.06%，蓄积占 62.49%。人工林各林种面积和蓄积比例如图 2-5 所示。

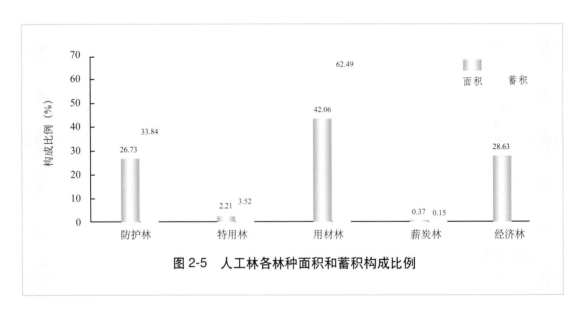

图 2-5　人工林各林种面积和蓄积构成比例

（二）龄组结构

人工乔木林按龄组分，幼龄林面积 1866 万公顷，蓄积 3.57 亿立方米；中龄林面积 1515 万公顷，蓄积 9.27 亿立方米；近熟林面积 668 万公顷，蓄积 5.82 亿立方米；成熟林面积 510 万公顷，蓄积 4.84 亿立方米；过熟林面积 148 万公顷，蓄积 1.33 亿立方米。人工乔木林以中幼龄林为主，面积占 71.83%，蓄积占 51.72%。人工乔木林各龄组面积和蓄积构成比例如图 2-6 所示。

（三）树种结构

人工乔木林按优势树种（组）分，面积比例排名前 10 位的优势树种（组）为杉木、杨树、桉树、落叶松、马尾松、油松、柏木、湿地松、刺槐、栎树，面积合计 3439 万公顷，占人工乔木林面积的73.07%；蓄积合计18.52亿立方米，占人工乔木林蓄积的74.58%。人工乔木林主要优势树种（组）面积和蓄积见表2-2。最近30年来，各地开展了大规模的植树造林，我国人工林面积一直呈上升趋势。人工造林以杉木、马尾松、落叶松、油松、柏木等针叶树种和杨树、桉树、槐树等阔叶树种为主。

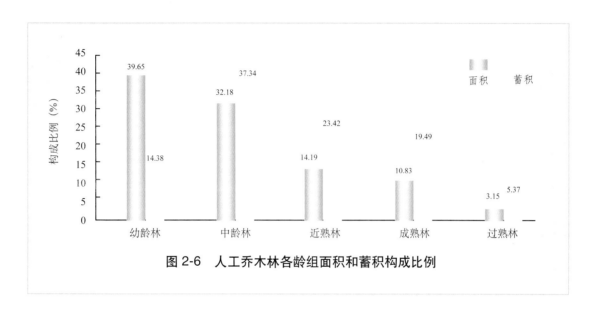

图2-6 人工乔木林各龄组面积和蓄积构成比例

表2-2 人工乔木林主要优势树种（组）面积和蓄积

优势树种（组）	面积（万公顷）	面积比例（%）	蓄积（亿立方米）	蓄积比例（%）
杉 木	895	19.01	6.25	25.18
杨 树	854	18.14	5.03	20.25
桉 树	445	9.47	1.60	6.46
落叶松	314	6.66	1.84	7.42
马尾松	306	6.51	1.72	6.91
油 松	161	3.42	0.66	2.66
柏 木	146	3.11	0.61	2.46
湿地松	134	2.85	0.41	1.63
刺 槐	123	2.60	0.27	1.09
栎 树	61	1.30	0.13	0.52
10个树种合计	3439	73.07	18.52	74.58

第二节　国有林和集体林资源

森林资源权属是反映森林资源所有制状况的重要指标。森林资源清查中，将林地权属划分为国有和集体所有。

一、国有林资源

国有林地面积 12416 万公顷，占全国林地面积的 39.99%；国有林面积 7377 万公顷，占全国有林地面积的 38.59%；国有森林蓄积 93.54 亿立方米，占全国森林蓄积的 63.29%。

国有林面积中，乔木林 7216 万公顷，占 97.81%；经济林 133 万公顷，占 1.80%；竹林 28 万公顷，占 0.39%。黑龙江、内蒙古、西藏、四川、吉林等省（自治区）国有林较多，5 省（自治区）面积合计占全国的 72.94%，蓄积合计占全国的 76.80%。

国有林每公顷蓄积量 129.62 立方米，每公顷年均生长量 3.33 立方米，每公顷株数 959 株，平均胸径 15.2 厘米，平均郁闭度 0.60。国有乔木林面积中，纯林占 59%，混交林占 41%。

（一）林种结构

国有林按林种分，防护林面积 4402 万公顷，蓄积 55.74 亿立方米；特用林面积 1114 万公顷，蓄积 19.07 亿立方米；用材林面积 1725 万公顷，蓄积 18.70 亿立方米；薪炭林面积 3 万公顷，蓄积 0.03 亿立方米；经济林面积 133 万公顷。国有林中，防护林比例较大，面积、蓄积均占 60%。国有林各林种面积和蓄积比例如图 2-7 所示。

（二）龄组结构

国有乔木林按龄组分，幼龄林面积 1243 万公顷，蓄积 4.69 亿立方米；中龄林面积 2248 万公顷，蓄积 20.20 亿立方米；近熟林面积 1451 万公顷，蓄积 19.82 亿立方米；成熟林面积 1441 万公顷，蓄积 27.73 亿立方米；过熟林面积 833 万公顷，蓄积 21.10 亿立方米。幼中龄林面积占 48.38%，蓄积占 26.61%；近成过熟林面积占 51.62%，蓄积占 63.39%。国有乔木林各龄组面积和蓄积比例如图 2-8 所示。

（三）树种结构

国有乔木林按优势树种（组）分，面积排名前 10 位的是：桦木、落叶松、栎树、云杉、

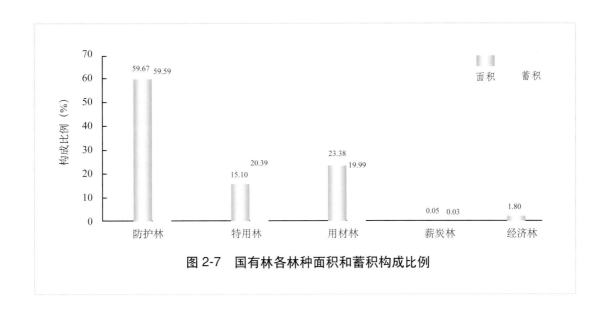

图 2-7　国有林各林种面积和蓄积构成比例

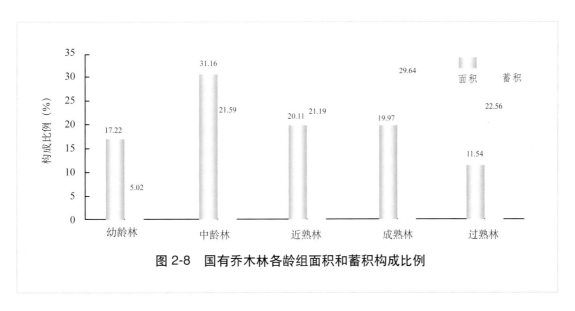

图 2-8　国有乔木林各龄组面积和蓄积构成比例

冷杉、杨树、云南松、高山松、柏木和杉木，面积合计 4243 万公顷，占国有乔木林面积的 58.79%；蓄积合计 56.63 亿立方米，占国有乔木林蓄积的 60.54%。国有乔木林主要优势树种（组）面积和蓄积见表 2-3。

表 2-3　国有乔木林主要优势树种（组）面积和蓄积

优势树种（组）	面积（万公顷）	面积比例（%）	蓄积（亿立方米）	蓄积比例（%）
桦　木	1038	14.39	8.58	9.17
落叶松	940	13.03	9.46	10.11
栎　树	826	11.45	8.36	8.94
云　杉	409	5.66	9.77	10.44
冷　杉	292	4.05	10.94	11.70
杨　树	227	3.14	1.67	1.78
云南松	148	2.05	2.74	2.93
高山松	137	1.89	3.27	3.49
柏　木	128	1.77	0.90	0.97
杉　木	98	1.36	0.94	1.01
10 个树种合计	4243	58.79	56.63	60.54

二、集体林资源

集体所有的林地面积 18630 万公顷，占全国林地面积的 60.01%；集体林面积 11740 万公顷，占全国有林地面积的 61.41%；集体所有的森林蓄积 54.25 亿立方米，占全国森林蓄积的 36.71%。

集体林面积中，乔木林 9244 万公顷，占 78.74%；经济林 1924 万公顷，占 16.39%；竹林 572 万公顷，占 4.87%。云南、广西、湖南、江西、广东、福建和四川等省（自治区）集体林较多，7 省（自治区）面积合计占全国的 54.54%，蓄积合计占全国的 61.30%。

集体林每公顷蓄积量 58.69 立方米，每公顷年均生长量 4.76 立方米，每公顷株数 943 株，平均胸径 12.0 厘米，平均郁闭度 0.55。集体乔木林面积中，纯林占 63%，混交林占 37%。

（一）林种结构

集体林按林种分，防护林面积 4318 万公顷，蓄积 23.74 亿立方米；特用林面积 326 万公顷，蓄积 2.62 亿立方米；用材林面积 4998 万公顷，蓄积 27.33 亿立方米；薪炭林面积174万公顷，蓄积0.56亿立方米；经济林面积1924万公顷。集体林中，用材林比例较大，面积占43%，蓄积占50%。集体林各林种面积和蓄积比例如图2-9所示。

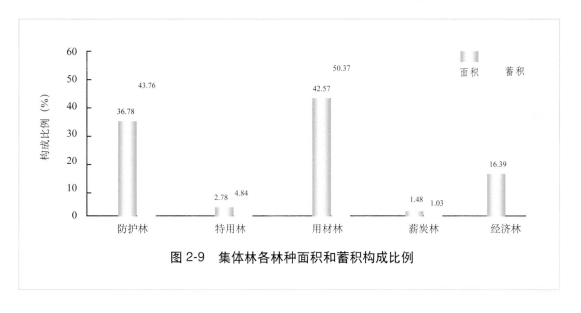

图2-9　集体林各林种面积和蓄积构成比例

（二）龄组结构

集体所有的乔木林按龄组分，幼龄林面积4089万公顷，蓄积11.61亿立方米；中龄林面积3063万公顷，蓄积20.86亿立方米；近熟林面积1132万公顷，蓄积10.52亿立方米；成熟林面积735万公顷，蓄积7.91亿立方米；过熟林面积225万公顷，蓄积3.35亿立方米。幼中龄林面积占77.38%，蓄积占59.86%；近成过熟林面积占22.62%，蓄积占40.14%。集体所有的乔木林各龄组面积和蓄积构成比例如图2-10所示。

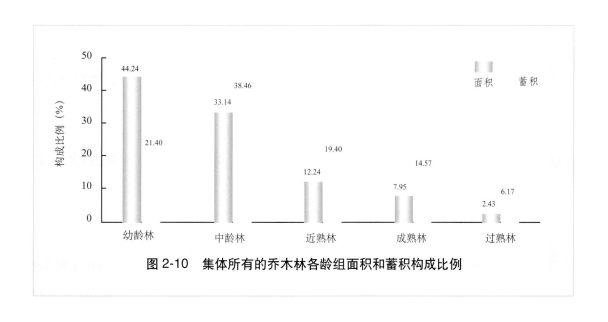

图2-10　集体所有的乔木林各龄组面积和蓄积构成比例

（三）树种结构

集体所有的乔木林按优势树种（组）分，面积排名前 10 位的是：杉木、马尾松、栎树、杨树、桉树、云南松、柏木、油松、落叶松和湿地松，面积合计 4854 万公顷，占集体所有乔木林面积的 52.51%；蓄积合计 29.84 亿立方米，占集体所有乔木林蓄积的 50.01%。集体所有的乔木林主要优势树种（组）面积和蓄积见表 2-4。

表 2-4　集体所有的乔木林主要优势树种（组）面积和蓄积

优势树种（组）	面积（万公顷）	面积比例（%）	蓄积（亿立方米）	蓄积比例（%）
杉　木	998	10.80	6.32	11.65
马尾松	955	10.33	5.51	10.15
栎　树	786	8.51	4.41	8.13
杨　树	760	8.22	4.51	8.32
桉　树	396	4.28	1.41	2.60
云南松	307	3.32	2.28	4.20
柏　木	238	2.58	1.10	2.03
油　松	161	1.75	0.67	1.23
落叶松	129	1.39	3.26	1.02
湿地松	124	1.33	0.37	0.68
10 个树种合计	4854	52.51	29.84	50.01

第三节　竹林和红树林资源

一、竹林资源

竹林四季常青、鞭根发达、生长速度快、繁殖能力强，具有很高的生态、经济和文化价值。竹林在涵养水源、保持水土、调节气候、净化空气、减少噪音等方面具有很强的功能。竹材作为木材的替代和补充材料，广泛用于建筑、交通、造纸、家具、饮食和工艺品制造等诸多领域，是十分重要的战略资源。竹子在中华文字、绘画艺术、工艺美术、园林艺术、民俗文化的传承和发展中发挥了重要作用。

中国竹文化历史悠久，是世界上竹类分布最广、资源最多、利用最早的国家之一，素有"竹子王国"之美誉。全国竹林面积 601 万公顷，其中毛竹林 443 万公顷，其它竹林 158 万公顷；竹林株数 843.58 亿株，其中毛竹 112.13 亿株，其它竹 731.45 亿株。竹林总面积中，天然占 59.88%，人工占 40.12%；国有占 4.75%，集体占 95.25%；用材林占 71.81%，防护林占 25.00%，特用林占 3.19%。毛竹总株数中，径阶在 8~10 厘米的占 62.03%，8 厘米以下的占 21.53%，10 厘米以上的占 16.44%。竹林主要分布在 18 个省（自治区），其中 30 万公顷以上的省有福建、江西、浙江、湖南、四川、广东、广西、安徽等 8 省（自治区），合计占全国的 89.10%。全国竹林面积分省构成如图 2-11 所示。

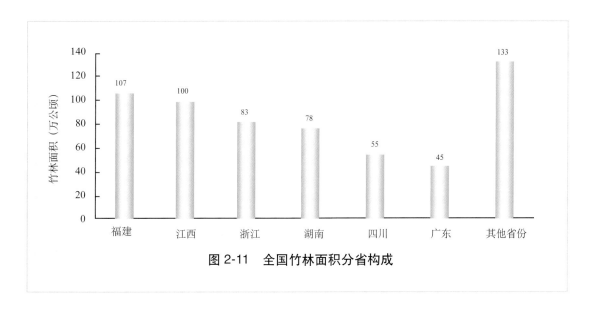

图 2-11　全国竹林面积分省构成

二、红树林资源

被誉为"海上卫士"的红树林，在防风消浪、促淤保滩、固岸护堤、净化陆地近海海洋污染等方面发挥着重要作用，是全球生物多样性重点保护对象之一。20 世纪 90 年代，国家林业局制定了《中国 21 世纪议程林业行动计划》，发布了《中国林业可持续发展国家报告》，把红树林的可持续经营列入了重要议事日程，加强了红树林保护区建设，建立了 25 处红树林自然保护区。

根据 2001 年全国红树林资源调查结果，红树林资源各地类总面积 8.28 万公顷。其中红树林面积 2.20 万公顷，占总面积的 26.6%；红树林未成林地面积 0.19 万公顷，占 2.3%；宜林地面积 5.89 万公顷，占 71.1%，红树林具有较大的发展空间。红树林面积中，天然占 93.0%，人工占 7.0%；国有占 97.5%，集体占 2.5%；自然保护区林占 63.2%，护岸林占 36.4%，其它特用林占 0.4%。全国红树林共包括 59 种群落类型，以白骨壤、桐花树群落为主，二者合计占 36.7%。红树林主要集中在广东、广西、海南、福建、浙江 5 省（自治区）。红树林分省面积如图 2-12 所示。

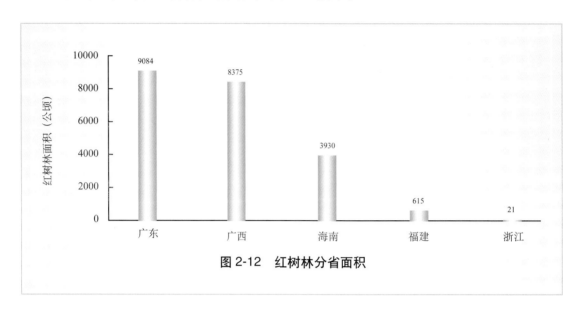

图 2-12   红树林分省面积

第四节   疏林和灌木林资源

一、疏林资源

全国疏林面积 401 万公顷，占全国林地面积的 1.29%；疏林蓄积 1.06 亿立方米，占活立木总蓄积的 0.64%。其中，天然疏林面积 287 万公顷，蓄积 0.89 亿立方米；人工疏林面积 114 万公顷，蓄积 0.16 亿立方米。按优势树种（组）分，排名前 10 位的是：云杉、马尾松、落叶松、杨树、柏木、桦木、杉木、云南松、栎树和榆树，面积合计 241 万公顷，占疏林面积的 60.17%。内蒙古、四川、云南、新疆、陕西和西藏等省（自治区）疏林面积较大，6 省（自治区）疏林面积合计占全国的 54.79%。全国疏林面积分省构成如图 2-13 所示。

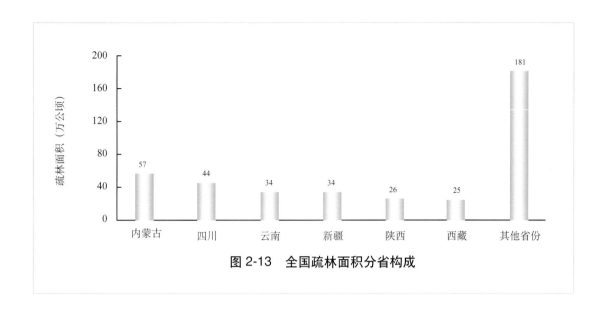

图 2-13　全国疏林面积分省构成

二、灌木林资源

灌木耗水量小、耐干旱、耐风蚀、耐盐碱、耐高寒，具有很强的复壮更新和自然修复能力，是干旱、半干旱地区的重要造林树种。在乔木树种难以适应的高山、湿地、干旱、荒漠地区常能形成稳定的灌木群落，灌木林的生态防护效益非常显著，尤其在我国生态脆弱的西部地区，保护和发展灌木林资源对改善生态环境、促进区域经济发展、增加当地农民收入具有重要的意义。

中国的灌木林分布广，面积大。全国灌木林面积5590万公顷，占全国林地面积的18.01%。其中，天然灌木林占92.59%，人工灌木林占7.41%。灌木林面积按林种分，防护林占85.19%，特用林占12.16%，薪炭林占2.65%；按优势树种（组）分，排名前10位的是：栎灌、杜鹃、柳灌、柽柳、金露梅、山生柳、竹灌、梭梭、荆条和柠条，面积合计1954万公顷，占灌木林面积的34.95%。灌木林主要分布在西南和西北各省（自治区）。其中西藏、内蒙古、四川、新疆、青海、甘肃、云南和广西等省（自治区）灌木林面积较大，8省（自治区）灌木林面积合计占全国的75.70%。全国灌木林面积分省构成如图2-14所示。灌木林面积占全省林地面积比例最大的是青海，达50.26%。

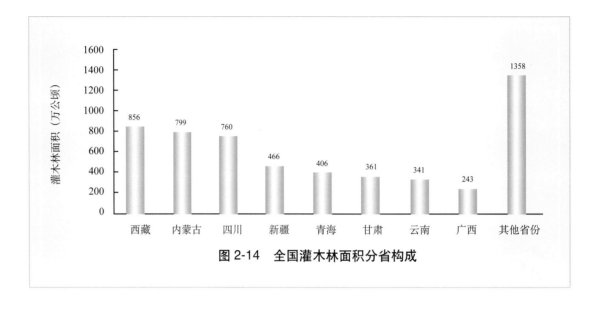

图 2-14　全国灌木林面积分省构成

第 章　森林资源分布

第三章　森林资源分布

　　受自然地理条件、人为活动、经济发展和自然灾害等因素的影响，中国森林资源分布不均衡。东北的大、小兴安岭和长白山，西南的川西、川南、云南大部、藏东南，南方低山丘陵区，以及西北的秦岭、天山、阿尔泰山、祁连山、青海东南部等区域森林资源分布相对集中；而地域辽阔的西北地区、内蒙古中西部、西藏大部，以及人口稠密经济发达的华北、中原及长江、黄河下游地区，森林资源分布较少。

第一节　按经济区域分布

　　《中华人民共和国国民经济和社会发展第十一个五年规划纲要》将我国区域发展格局划分为西部大开发地区（简称西部地区，下同）、东北地区、中部地区和东部地区。森林覆盖率东北地区最高，达 41.59%；西部地区最低，仅为 18.13%。各经济区域森林资源主要结果见表 3-1。防护林面积比重较大的是东北地区和西部地区，均超过 50%。

表 3-1　各经济区域森林资源主要结果

统计单位	森林覆盖率（%）	森林面积（万公顷）	占全国比例（%）	森林蓄积（亿立方米）	占全国比例（%）
东部地区	37.66	3429	14.99	15.52	10.50
中部地区	36.53	3750	16.39	14.75	9.98
西部地区	18.13	12417	54.27	89.34	60.45
东北地区	41.59	3283	14.35	28.18	19.07

用材林面积比重、经济林面积比重较大的是东部地区，分别为 44.81% 和 18.70%；天然林面积比重较大的是东北地区、西部地区，均超过 70%。人工林面积比重东部地区最高，达 59.69%；东北地区最低，仅为 22.03%。各经济区域天然林和人工林面积如图 3-1 所示。

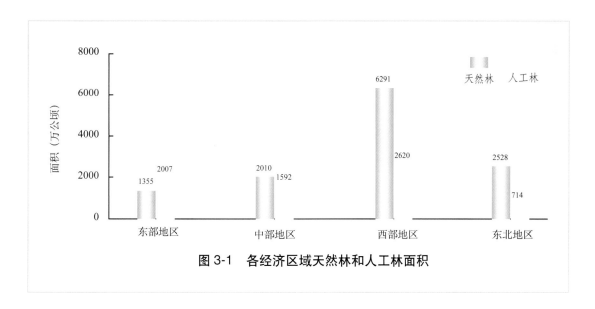

图 3-1　各经济区域天然林和人工林面积

一、东部地区

东部地区包括北京、天津、河北、上海、江苏、浙江、福建、山东、广东、海南 10 个省（直辖市），土地面积约占国土面积的 1/10，森林覆盖率 37.66%。该区域属沿海地区，区位优势明显，经济实力雄厚，基础设施比较完善，对外开放程度高，科技教育兴旺，人才资源丰富，林业产业发达，但自然灾害特别是台风时有发生。

该区林地面积 4231 万公顷，其中有林地面积 3362 万公顷，占林地面积的 79.46%；疏林地面积 49 万公顷，占 1.15%；灌木林地面积 267 万公顷，占 6.32%。活立木总蓄积 17.50 亿立方米。其中，森林蓄积 15.52 亿立方米，占活立木总蓄积的 88.69%。

森林面积按林种分，防护林 1060 万公顷，占 30.92%；特用林 173 万公顷，占 5.05%；用材林 1537 万公顷，占 44.81%；薪炭林 18 万公顷，占 0.52%；经济林 641 万公顷，占 18.70%。森林面积各林种构成比例如图 3-2 所示。

天然林面积 1355 万公顷，人工林面积 2007 万公顷，分别占该区域有林地面积的 40.31% 和 59.69%。天然林蓄积 8.37 亿立方米，人工林蓄积 7.15 亿立方米，分别占该

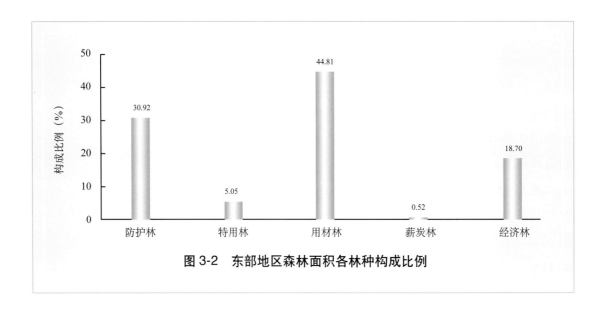

图 3-2　东部地区森林面积各林种构成比例

区域森林蓄积的 53.93% 和 46.07%。

　　乔木林面积 2481 万公顷，乔木林蓄积 15.52 亿立方米。其中，幼龄林面积 1009 万公顷，蓄积 2.90 亿立方米；中龄林面积 819 万公顷，蓄积 5.69 亿立方米；近熟林面积 372 万公顷，蓄积 3.62 亿立方米；成熟林面积 241 万公顷，蓄积 2.73 亿立方米；过熟林面积 40 万公顷，蓄积 0.58 亿立方米。乔木林各龄组面积和蓄积构成比例如图 3-3 所示。

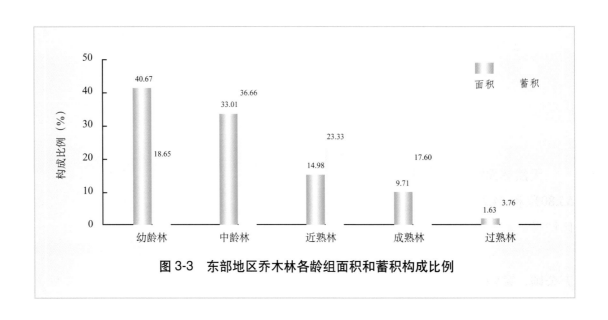

图 3-3　东部地区乔木林各龄组面积和蓄积构成比例

二、中部地区

中部地区包括山西、安徽、江西、河南、湖北、湖南6个省，土地面积约占国土面积的1/10，森林覆盖率36.53%。该区域交通便利，作为连接东西部的桥梁和纽带，在全国区域经济中占有重要地位，是我国重要的农产品生产基地、能源原材料和加工制造业基地，也是我国主要的集体林区之一，林业产业较为发达。

该区林地面积4886万公顷，其中有林地面积3602万公顷，占林地面积的73.73%；疏林地面积52万公顷，占1.06%；灌木林地面积507万公顷，占10.38%。活立木总蓄积17.13亿立方米。其中，森林蓄积14.75亿立方米，占活立木总蓄积的86.11%。

森林面积按林种分，防护林1550万公顷，占41.34%；特用林162万公顷，占4.31%；用材林1538万公顷，占41.02%；薪炭林28万公顷，占0.73%；经济林472万公顷，占12.60%。森林面积各林种构成比例如图3-4所示。

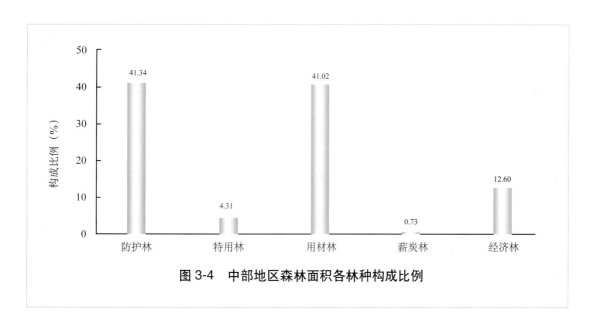

图3-4　中部地区森林面积各林种构成比例

天然林面积2010万公顷，人工林面积1592万公顷，分别占该区域有林地面积的55.80%和44.20%。天然林蓄积9.38亿立方米，人工林蓄积5.37亿立方米，分别占该区域森林蓄积的63.57%和36.43%。

乔木林面积2901万公顷，乔木林蓄积14.75亿立方米。其中，幼龄林面积1393万公顷，蓄积3.75亿立方米；中龄林面积1005万公顷，蓄积6.46亿立方米；近熟林面积311万公顷，蓄积2.65亿立方米；成熟林面积160万公顷，蓄积1.60亿立方米；

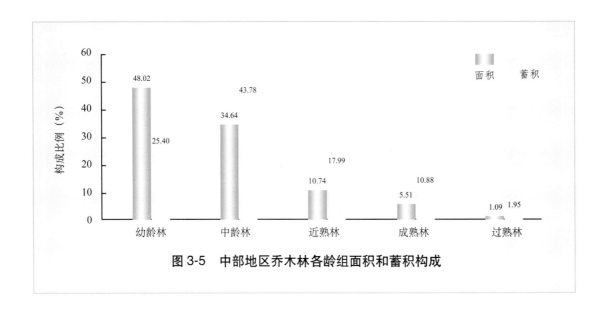

图 3-5 中部地区乔木林各龄组面积和蓄积构成

过熟林面积 32 万公顷,蓄积 0.29 亿立方米。乔木林各龄组面积和蓄积构成如图 3-5 所示。

三、西部地区

西部地区包括重庆、四川、贵州、云南、西藏、陕西、甘肃、青海、宁夏、新疆、内蒙古、广西 12 个省(自治区、直辖市),土地面积约占国土面积的 7/10,森林覆盖率 18.13%。该区域生态区位十分重要,蕴藏着丰富的自然资源,是长江、黄河、澜沧江等许多大江大河的发源地,汇集着森林、草原、沙漠、湿地等自然景观,但由于自然、历史、社会等原因,经济发展相对落后,林草植被稀少,水土流失比较严重,生态环境十分脆弱。

该区林地面积 18165 万公顷,其中有林地面积 8911 万公顷,占 49.05%;疏林地面积 282 万公顷,占 1.55%;灌木林地面积 4722 万公顷,占 26.00%。活立木总蓄积 96.09 亿立方米。其中,森林蓄积 89.34 亿立方米,占活立木总蓄积的 92.98%。

森林面积按林种分,防护林 7598 万公顷,占 61.19%;特用林 1351 万公顷,占 10.88%;用材林 2574 万公顷,占 20.73%;薪炭林 100 万公顷,占 0.81%;经济林 794 万公顷,占 6.39%。森林面积各林种构成比例如图 3-6 所示。

天然林面积 6291 万公顷,人工林面积 2620 万公顷,分别占该区域有林地面积的 70.60% 和 29.40%。天然林蓄积 80.66 亿立方米,人工林蓄积 8.68 亿立方米,分别占该区域森林蓄积的 90.29% 和 9.71%。

乔木林面积 7985 万公顷,蓄积 89.34 亿立方米。其中,幼龄林面积 2114 万公顷,蓄积 6.77 亿立方米；中龄林面积 2376 万公顷，蓄积 19.19 亿立方米；近熟林面积 1291 万公顷，蓄积 16.53 亿立方米；成熟林面积 1372 万公顷，蓄积 25.51 亿立方米；过熟林面积 832 万公顷，蓄积 21.34 亿立方米。乔木林各龄组面积和蓄积构成比例如图 3-7 所示。

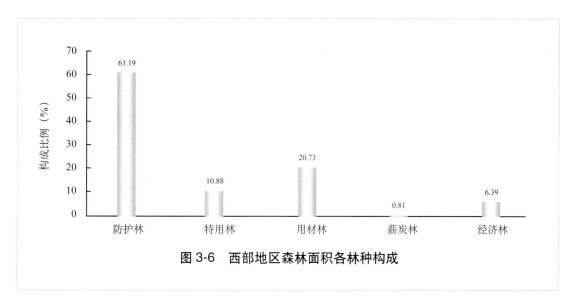

图 3-6　西部地区森林面积各林种构成

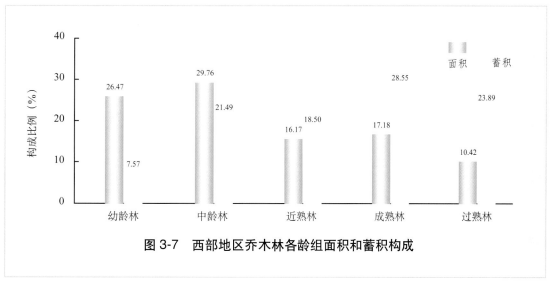

图 3-7　西部地区乔木林各龄组面积和蓄积构成

四、东北地区

东北地区包括辽宁、吉林、黑龙江 3 个省，土地面积约占国土面积的 1/10，森林覆盖率 41.59%。该区域是我国的老工业基地、粮食主产区和重要的木材生产基地，蕴藏着丰富的野生动植物资源。

该区林地面积 3763 万公顷，其中有林地面积 3242 万公顷，占林地面积的 86.15%；疏林地面积 18 万公顷，占 0.49%；灌木林地面积 93 万公顷，占 2.48%。活立木总蓄积 30.02 亿立方米。其中，森林蓄积 28.18 亿立方米，占活立木总蓄积的 93.86%。

森林面积按林种分，防护林 1773 万公顷，占 53.99%；特用林 254 万公顷，占 7.74%；用材林 1076 万公顷，占 32.76%；薪炭林 31 万公顷，占 0.95%；经济林 149 万公顷，占 4.56%。森林面积各林种构成比例如图 3-8 所示。

天然林面积 2528 万公顷，人工林面积 714 万公顷，分别占该区域有林地面积的 77.97% 和 22.03%。天然林蓄积 24.55 亿立方米，人工林蓄积 3.63 亿立方米，分别占该

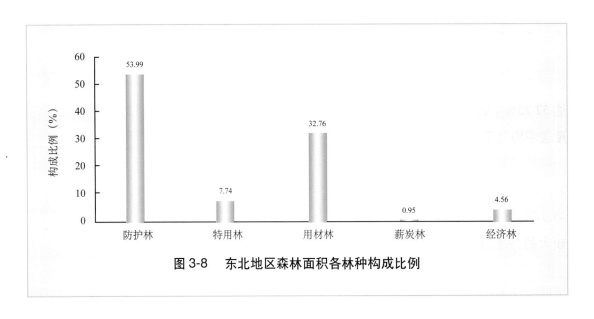

图 3-8　东北地区森林面积各林种构成比例

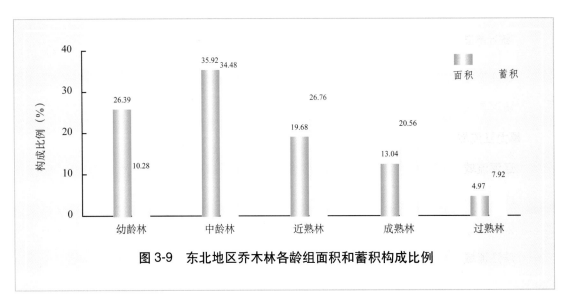

图 3-9　东北地区乔木林各龄组面积和蓄积构成比例

区域森林蓄积的 87.12% 和 12.88%。

乔木林面积 3093 万公顷，乔木林蓄积 28.18 亿立方米。其中，幼龄林面积 816 万公顷，蓄积 2.90 亿立方米；中龄林面积 1111 万公顷，蓄积 9.72 亿立方米；近熟林面积 609 万公顷，蓄积 7.54 亿立方米；成熟林面积 403 万公顷，蓄积 5.79 亿立方米；过熟林面积 154 万公顷，蓄积 2.23 亿立方米。乔木林各龄组面积和蓄积构成比例如图 3-9 所示。

第二节　按主要流域分布

中国十大流域中的长江、黑龙江、珠江、黄河、辽河、海河和淮河等七个流域土地面积占国土面积近一半，森林面积占全国的 70%，森林蓄积占全国的 60%。其中，长江流域、黑龙江流域的森林面积、蓄积约占全国的一半。珠江流域森林覆盖率最高，达 52.25%；长江流域森林蓄积最大，占全国的 26.22%；而黄河、海河和淮河流域森林覆盖率均低于全国平均水平。七大流域森林资源主要结果见表 3-2。

长江流域和黑龙江流域的天然林较多，其面积占七大流域的 80.21%，占全国的 59.35%。长江流域和珠江流域的人工林较多，其面积占七大流域的 62.29%，占全国的 45.57%。天然林占有林地比例最大的是黑龙江流域，达 89.32%；人工林占有林地比例较大的是淮河、辽河和海河流域，都在 2/3 以上，其中淮河流域达到 85.13%。七大流

表 3-2　七大流域森林资源主要结果

统计单位	森林覆盖率（%）	森林面积（万公顷）	占全国比例（%）	森林蓄积（亿立方米）	占全国比例（%）
长江流域	37.96	6612	28.90	38.75	26.22
黄河流域	18.12	1496	6.54	5.50	3.72
黑龙江流域	43.33	4035	17.64	36.53	24.72
辽河流域	30.06	689	3.01	2.12	1.44
海河流域	16.49	434	1.90	1.06	0.72
淮河流域	17.57	475	2.08	2.28	1.54
珠江流域	52.25	2316	10.12	9.44	6.39

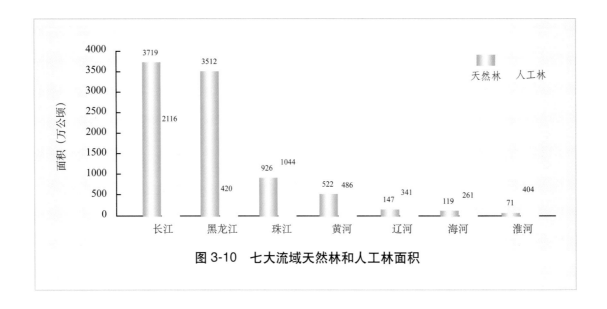

图 3-10　七大流域天然林和人工林面积

域天然林和人工林面积如图 3-10 所示。

一、长江流域

长江发源于青藏高原的唐古拉山山脉，是中国第一大河流，全长 6397 千米，流经 19 省（自治区、直辖市），流域面积 18000 万公顷，占国土面积的 18.75%。该流域地貌类型多样，绝大部分地处亚热带，全年气候温和，雨量充沛，自然条件优越，适宜林木生长，森林资源丰富，森林覆盖率 37.96%。

该流域林地面积 8360 万公顷。其中，有林地面积 5835 万公顷，占林地面积的 69.80%；疏林地面积 127 万公顷，占 1.51%；灌木林地面积 1513 万公顷，占 18.10%。活立木总蓄积 42.44 亿立方米，其中森林蓄积 38.75 亿立方米，占该流域活立木总蓄积的 91.31%。

森林面积按林种分，防护林 3477 万公顷，占 52.58%；特用林 371 万公顷，占 5.61%；用材林 2101 万公顷，占 31.78%；薪炭林 70 万公顷，占 1.06%；经济林 593 万公顷，占 8.97%。森林面积各林种构成如图 3-11 所示。

天然林面积 3719 万公顷，人工林面积 2116 万公顷，分别占该流域有林地面积的 64%、36%。天然林蓄积 31.81 亿立方米，人工林蓄积 6.94 亿立方米，分别占该流域森林蓄积的 82%、18%。

乔木林面积 4919 万公顷，乔木林蓄积 38.75 亿立方米。其中，幼龄林面积 1870 万公顷，蓄积 5.11 亿立方米；中龄林面积 1565 万公顷，蓄积 10.78 亿立方米；近熟林

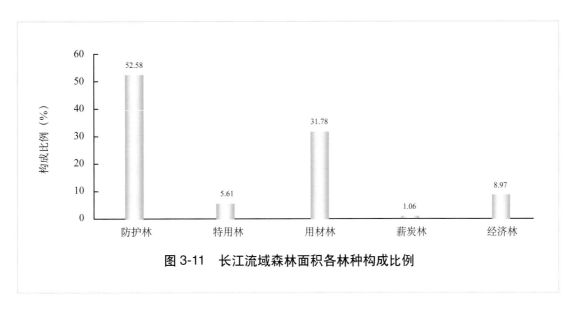

图 3-11 长江流域森林面积各林种构成比例

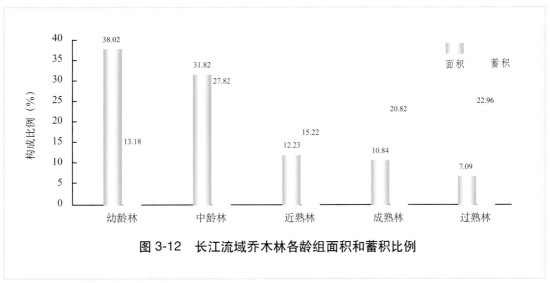

图 3-12 长江流域乔木林各龄组面积和蓄积比例

面积 602 万公顷，蓄积 5.90 亿立方米；成熟林面积 533 万公顷，蓄积 8.07 亿立方米；过熟林面积 349 万公顷，蓄积 8.89 亿立方米。乔木林各龄组面积和蓄积比例如图 3-12 所示。

二、黄河流域

黄河发源于青藏高原巴颜喀拉山北麓，全长 5464 千米，流经 9 省（自治区），流域面积 7524 万公顷，占国土面积的 7.84%，森林覆盖率 18.12%。黄河流域幅员辽阔，地处我国北方中纬度地带，气候差异很大，地形地貌变化明显。黄河流域生态环境脆弱，是我国水土流失最为严重的地区。

该流域林地面积 3249 万公顷。其中，有林地面积 1008 万公顷，占林地面积的 31.01%；疏林地面积 53 万公顷，占 1.64%；灌木林地面积 833 万公顷，占 25.65%。活立木总蓄积 6.20 亿立方米，其中森林蓄积 5.50 亿立方米，占该流域活立木总蓄积的 88.72%。

森林面积按林种分，防护林 944 万公顷，占 63.08%；特用林 254 万公顷，占 16.99%；用材林 108 万公顷，占 7.23%；薪炭林 1 万公顷，占 0.09%；经济林 189 万公顷，占 12.61%。黄河流域森林面积各林种构成如图 3-13 所示。

天然林面积 522 万公顷，人工林面积 486 万公顷，分别占该流域有林地面积的

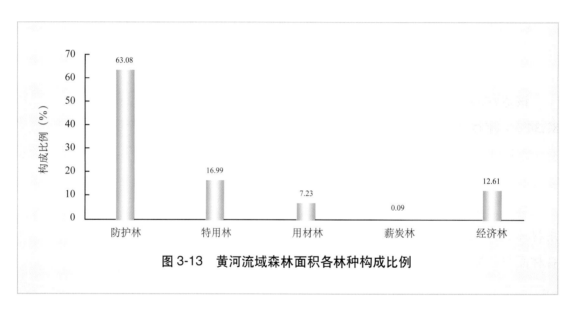

图 3-13 黄河流域森林面积各林种构成比例

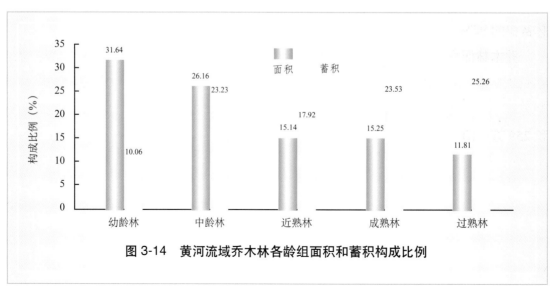

图 3-14 黄河流域乔木林各龄组面积和蓄积构成比例

52%、48%。天然林蓄积4.49亿立方米，人工林蓄积1.01亿立方米，分别占该流域森林蓄积的82%、18%。

乔木林面积819万公顷，乔木林蓄积5.50亿立方米。其中，幼龄林面积259万公顷，蓄积0.55亿立方米；中龄林面积214万公顷，蓄积1.28亿立方米；近熟林面积124万公顷，蓄积0.99亿立方米；成熟林面积125万公顷，蓄积1.29亿立方米；过熟林面积97万公顷，蓄积1.39亿立方米。黄河流域乔木林各龄组面积和蓄积构成比例如图3-14所示。

三、黑龙江流域

黑龙江流域在中国境内的面积9313万公顷，占国土面积的9.70%，约占全流域的48%，包括黑龙江、吉林2省的大部和内蒙古自治区的一部分。该流域四季变化明显，具有明显的大陆性季风气候特征。流域内层峦叠嶂，森林茂密，素有"红松之乡"和"林海"之称。森林覆盖率43.33%。

该流域林地面积4775万公顷。其中，有林地面积3932万公顷，占林地面积的82.34%；疏林地面积51万公顷，占1.06%；灌木林地面积157万公顷，占3.29%。活立木总蓄积39.45亿立方米，其中森林蓄积36.53亿立方米，占该流域活立木总蓄积的92.61%。

森林面积按林种分，防护林2409万公顷，占59.70%；特用林396万公顷，占9.82%；用材林1198万公顷，占29.69%；薪炭林3万公顷，占0.07%；经济林29万公顷，占0.72%。森林面积各林种构成如图3-15所示。

天然林面积3512万公顷，人工林面积420万公顷，分别占该流域有林地面积的89%、11%。天然林蓄积33.80亿立方米，人工林蓄积2.73亿立方米，分别占该流域森林蓄积的93%、7%。

乔木林面积3903万公顷，乔木林蓄积36.53亿立方米。其中，幼龄林面积793万公顷，蓄积2.76亿立方米；中龄林面积1501万公顷，蓄积13.22亿立方米；近熟林面积757万公顷，蓄积9.06亿立方米；成熟林面积593万公顷，蓄积7.90亿立方米；过熟林面积259万公顷，蓄积3.59亿立方米。乔木林面积、蓄积各龄组构成比例如图3-16所示。

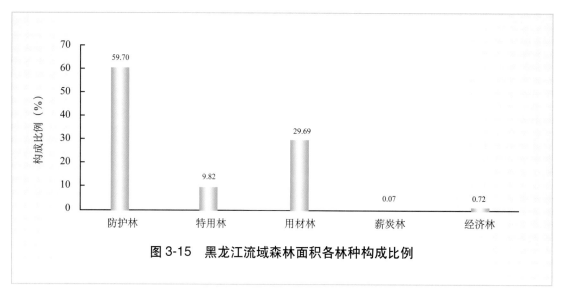

图 3-15　黑龙江流域森林面积各林种构成比例

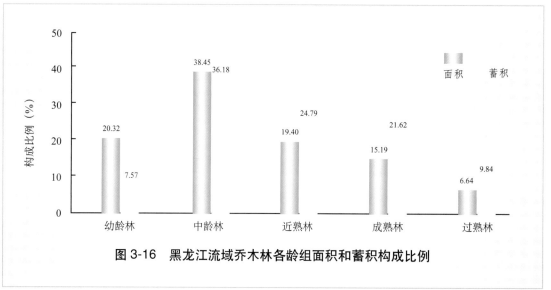

图 3-16　黑龙江流域乔木林各龄组面积和蓄积构成比例

四、辽河流域

辽河流域位于东北和华北地区，地跨河北、吉林、辽宁和内蒙古 4 省（自治区），流域面积 2196 万公顷，占国土面积的 2.29%。流域上游气候干旱，森林覆盖较为稀少，水土流失严重；中下游降水量较多，森林植被较为丰富。森林覆盖率 30.06%。

该流域林地面积 1085 万公顷。其中，有林地面积 488 万公顷，占林地面积的 44.99%；疏林地面积 9 万公顷，占 0.85%；灌木林地面积 215 万公顷，占 19.76%。活立木总蓄积 2.21 亿立方米，其中森林蓄积 2.12 亿立方米，占该流域活立木总蓄积的 95.83%。

森林面积按林种分，防护林 443 万公顷，占 64.30%；特用林 24 万公顷，占 3.43%；用材林 173 万公顷，占 25.08%；薪炭林 10 万公顷，占 1.47%；经济林 39 万公顷，占 5.72%。森林面积各林种构成如图 3-17 所示。

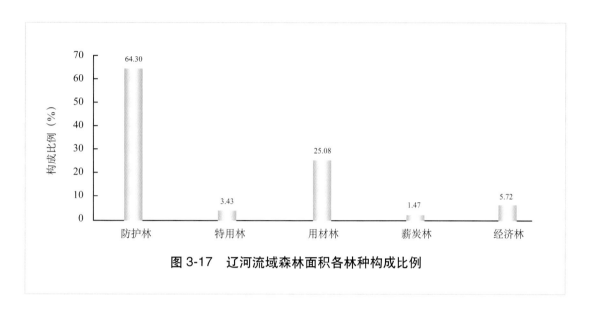

图 3-17　辽河流域森林面积各林种构成比例

天然林面积 147 万公顷，人工林面积 341 万公顷，分别占该流域有林地面积的 30%、70%。天然林蓄积 0.87 亿立方米，人工林蓄积 1.25 亿立方米，分别占该流域森林蓄积的 41%、59%。

乔木林面积 449 万公顷，乔木林蓄积 2.12 亿立方米。其中，幼龄林面积 183 万公顷，

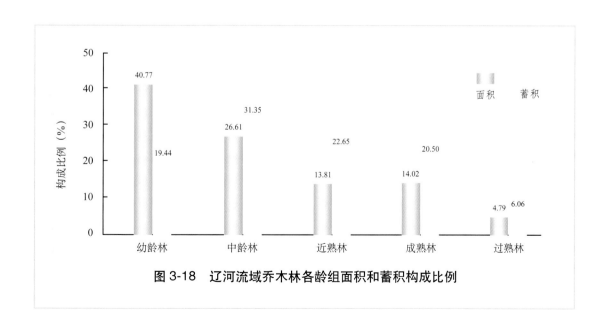

图 3-18　辽河流域乔木林各龄组面积和蓄积构成比例

蓄积 0.41 亿立方米；中龄林面积 119 万公顷，蓄积 0.67 亿立方米；近熟林面积 62 万公顷，蓄积 0.48 亿立方米；成熟林面积 63 万公顷，蓄积 0.43 亿立方米；过熟林面积 22 万公顷，蓄积 0.13 亿立方米。乔木林各龄组面积、蓄积构成比例如图 3-18 所示。

五、海河流域

海河流域东临渤海，南邻黄河流域，西靠云中、太岳山，北依蒙古高原，流域面积 2623 万公顷，占国土面积的 2.73%。该流域地处干旱和湿润气候的过渡地带，干流流经人口稠密、经济发达的华北大平原，森林资源较少。森林覆盖率仅有 16.49%。

该流域林地面积 894 万公顷。其中，有林地面积 380 万公顷，占林地面积的 42.57%；疏林地面积 13 万公顷，占 1.43%；灌木林地面积 174 万公顷，占 19.46%。活立木总蓄积 1.46 亿立方米，其中森林蓄积 1.06 亿立方米，占该流域活立木总蓄积的 72.69%。

森林面积按林种分，防护林 244 万公顷，占 56.27%；特用林 17 万公顷，占 3.91%；用材林 72 万公顷，占 16.54%；薪炭林 2 万公顷，占 0.48%；经济林 99 万公顷，占 22.80%。森林面积各林种构成如图 3-19 所示。

天然林面积 119 万公顷，人工林面积 261 万公顷，分别占该流域有林地面积的 31%、69%。天然林蓄积 0.37 亿立方米，人工林蓄积 0.69 亿立方米，分别占该流域森林蓄积的 35%、65%。

乔木林面积 281 万公顷，乔木林蓄积 1.06 亿立方米。其中，幼龄林面积 154 万公顷，

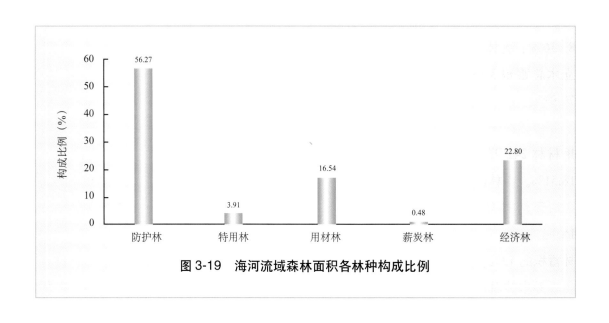

图 3-19 海河流域森林面积各林种构成比例

蓄积 0.36 亿立方米；中龄林面积 82 万公顷，蓄积 0.43 亿立方米；近熟林面积 21 万公顷，蓄积 0.15 亿立方米；成熟林面积 13 万公顷，蓄积 0.08 亿立方米；过熟林面积 11 万公顷，蓄积 0.04 亿立方米。乔木林各龄组面积、蓄积比例如图 3-20 所示。

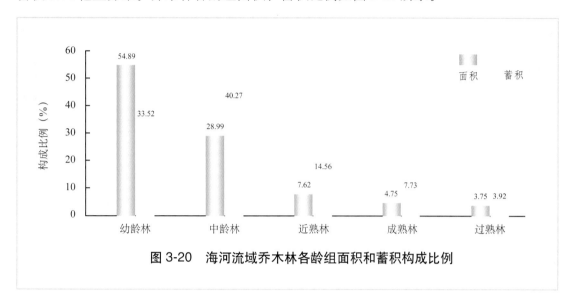

图 3-20　海河流域乔木林各龄组面积和蓄积构成比例

六、淮河流域

淮河流域地处中国东部，介于长江流域和黄河流域之间，地跨湖北、河南、安徽、山东、江苏等 5 省，总面积 2693 万公顷，占国土面积的 2.81%。该流域光照充足，热量充沛，气候温和，是我国重要的商品粮棉油生产基地，也是我国发展平原林业的重点区域。森林覆盖率 17.57%。

该流域林地面积 570 万公顷。其中，有林地面积 475 万公顷，占林地面积的 83.36%；疏林地面积 4 万公顷，占 0.66%；灌木林地面积 17 万公顷，占 3.06%。活立木总蓄积 3.13 亿立方米，其中森林蓄积 2.28 亿立方米，占该流域活立木总蓄积的 72.91%。

森林面积按林种分，防护林 128 万公顷，占 27.02%；特用林 15 万公顷，占 3.15%；用材林 242 万公顷，占 50.93%；薪炭林 2 万公顷，占 0.39%；经济林 88 万公顷，占 18.51%。森林面积各林种构成如图 3-21 所示。

天然林面积 71 万公顷，人工林面积 404 万公顷，分别占该流域有林地面积的 15%、85%。天然林蓄积 0.30 亿立方米，人工林蓄积 1.98 亿立方米，分别占该流域森林蓄积的 13%、87%。

乔木林面积 379 万公顷，乔木林蓄积 2.28 亿立方米。其中，幼龄林面积 150 万公顷，

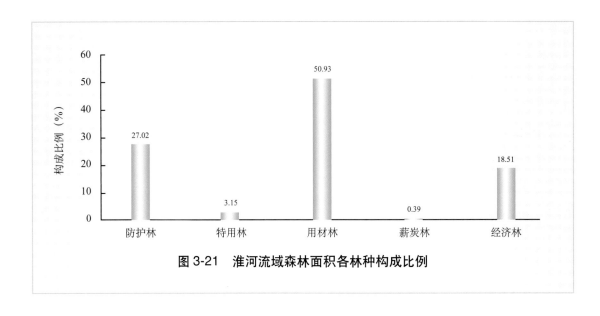

图 3-21　淮河流域森林面积各林种构成比例

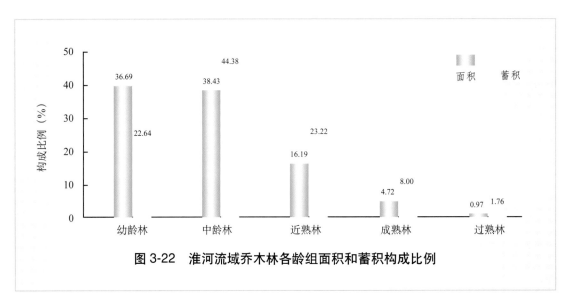

图 3-22　淮河流域乔木林各龄组面积和蓄积构成比例

蓄积 0.52 亿立方米；中龄林面积 146 万公顷，蓄积 1.01 亿立方米；近熟林面积 61 万公顷，蓄积 0.53 亿立方米；成熟林面积 18 万公顷，蓄积 0.18 亿立方米；过熟林面积 4 万公顷，蓄积 0.04 亿立方米。乔木林各龄组面积、蓄积构成比例如图 3-22 所示。

七、珠江流域

珠江由西江、北江、东江及珠江三角洲诸河四大水系组成。流域地跨云南、贵州、广西、广东、湖南、江西等 6 省（自治区），面积 4421 万公顷，占国土面积的 4.61%。

该流域地处亚热带，气候温和，降水量充裕，森林资源丰富。森林覆盖率52.25%。

该流域林地面积2743万公顷。其中，有林地面积1970万公顷，占林地面积的71.81%；疏林地面积21万公顷，占0.76%；灌木林地面积417万公顷，占15.21%。活立木总蓄积10.39亿立方米，其中森林蓄积9.44亿立方米，占该流域活立木总蓄积的90.85%。

森林面积按林种分，防护林858万公顷，占37.03%；特用林110万公顷，占4.75%；用材林1041万公顷，占44.94%；薪炭林24万公顷，占1.04%；经济林283万公顷，占12.24%。森林面积各林种构成如图3-23所示。

天然林面积926万公顷，人工林面积1044万公顷，分别占该流域有林地面积的47%、53%。天然林蓄积5.73亿立方米，人工林蓄积3.71亿立方米，分别占该流域森林蓄积的61%、39%。

乔木林面积1614万公顷，乔木林蓄积9.44亿立方米。其中，幼龄林面积704万公顷，蓄积2.09亿立方米；中龄林面积595万公顷，蓄积4.25亿立方米；近熟林面积177万公顷，蓄积1.68亿立方米；成熟林面积120万公顷，蓄积1.20亿立方米；过熟林面积18万公顷，蓄积0.22亿立方米。乔木林各龄组面积、蓄积构成比例如图3-24所示。

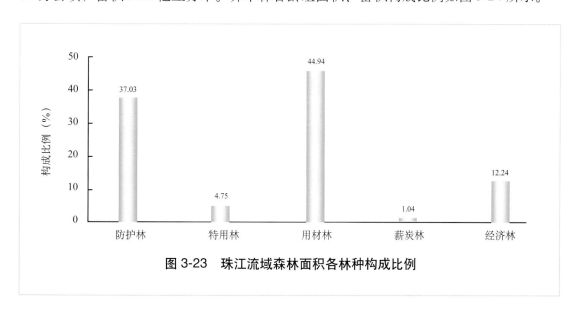

图3-23 珠江流域森林面积各林种构成比例

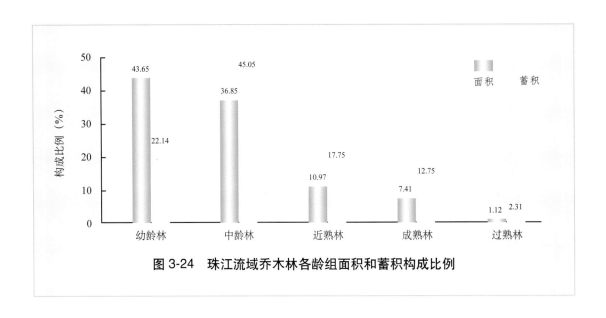

图 3-24　珠江流域乔木林各龄组面积和蓄积构成比例

第三节　按主要林区分布

中国林区主要有东北内蒙古林区、东南低山丘陵林区、西南高山林区、西北高山林区和热带林区五大林区。五大林区的土地面积占全国国土面积的 40%，森林面积占全国的 70%，森林蓄积占全国的 90%。森林覆盖率以东北内蒙古林区最高，西南高山林区最低；森林面积以东南低山丘陵林区最多，西北高山林区最少；森林蓄积以西南高山林区最多，西北高山林区最少。五大主要林区森林资源主要结果见表 3-3。

五大主要林区的天然林面积合计 10413 万公顷，占全国天然林面积的 85.46%；天然林蓄积 117.87 亿立方米，占全国天然林蓄积的 95.86%。五大主要林区中，天然林

表 3-3　五个主要林区森林资源主要结果

统计单位	森林覆盖率（%）	森林面积（万公顷）	占全国比例（%）	森林蓄积（亿立方米）	占全国比例（%）
东北内蒙古林区	68.82	3659	15.99	35.41	23.96
东南低山丘陵林区	55.55	6127	26.78	28.95	19.59
西南高山林区	23.78	4483	19.59	52.85	35.76
西北高山林区	49.90	544	2.38	5.74	3.88
热带林区	47.79	1294	5.66	10.03	6.79

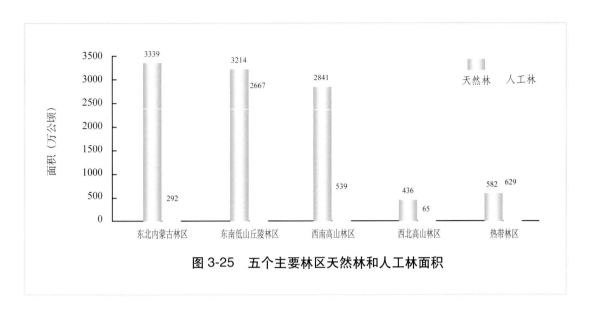

图 3-25　五个主要林区天然林和人工林面积

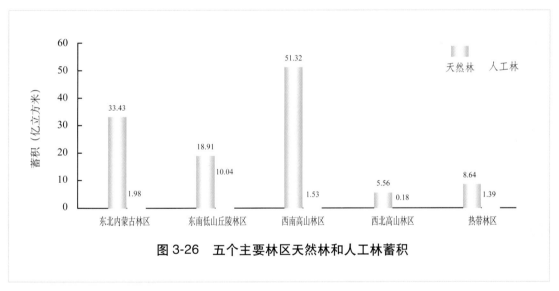

图 3-26　五个主要林区天然林和人工林蓄积

面积以东北内蒙古林区最多，为 3339 万公顷，占全国的 27.40%。东南低山丘陵林区和热带林区的人工林比重较大，其中东南低山丘陵林区人工林比重 45.35%，蓄积比重 34.66%。五个主要林区天然林和人工林面积、蓄积如图 3-25、3-26 所示。

一、东北内蒙古林区

东北内蒙古林区地处黑龙江、吉林和内蒙古 3 省（自治区）。包括大兴安岭、小兴安岭、完达山、张广才岭、长白山等山系。该区域地跨寒温带、温带，气候较湿润，山势缓和，森林资源丰富，是中国森林资源主要集中分布区之一。该林区森林总面积

3659 万公顷，森林覆盖率 68.82%。

该林区林地 4202 万公顷。其中，有林地面积 3631 万公顷，占林地面积的 86.40%；疏林地面积 44 万公顷，占 1.06%；灌木林地面积 71 万公顷，占 1.69%。活立木总蓄积 38.18 亿立方米，占全国活立木总蓄积的 23.75%，其中森林蓄积 35.41 亿立方米，占该林区活立木总蓄积的 92.73%。

森林面积按林种分，防护林 2075 万公顷，特用林 384 万公顷，用材林 1182 万公顷，薪炭林 2 万公顷，经济林 16 万公顷。森林面积各林种构成比例如图 3-27 所示。

天然林面积 3339 万公顷，人工林面积 292 万公顷，分别占该林区有林地面积的 92%、8%。天然林蓄积 33.43 亿立方米，人工林蓄积 1.98 亿立方米，分别占该林区森

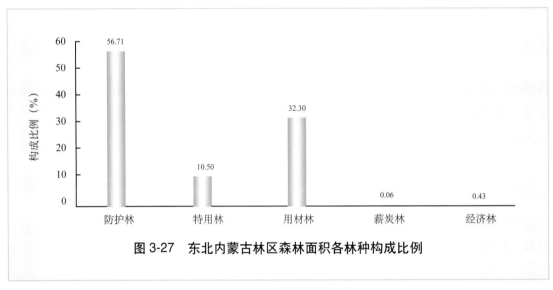

图 3-27 东北内蒙古林区森林面积各林种构成比例

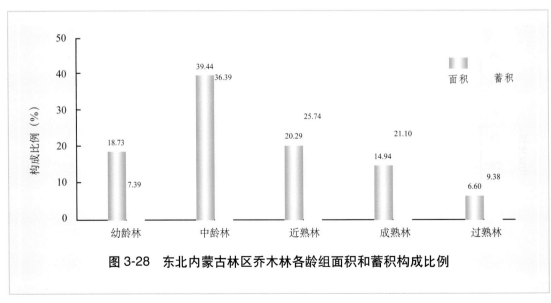

图 3-28 东北内蒙古林区乔木林各龄组面积和蓄积构成比例

林蓄积的 94%、6%。

乔木林面积 3615 万公顷,乔木林蓄积 35.41 亿立方米。其中,幼龄林面积 677 万公顷,蓄积 2.62 亿立方米;中龄林面积 1426 万公顷,蓄积 12.89 亿立方米;近熟林面积 734 万公顷,蓄积 9.11 亿立方米;成熟林面积 540 万公顷,蓄积 7.47 亿立方米;过熟林面积 238 万公顷,蓄积 3.32 亿立方米。乔木林各龄组面积和蓄积比例如图 3-28 所示。

二、东南低山丘陵林区

东南低山丘陵林区包括江西、福建、浙江、安徽、湖北、湖南、广东、广西、贵州、四川等省(自治区)的全部或部分地区。该区域地处我国湿润半湿润气候区,自然条件优越,气候温和,降水充沛,是中国发展经济林和速生丰产用材林基地潜力最大的地区。该林区森林总面积 6127 万公顷,森林覆盖率 55.55%。

该林区林地 7132 万公顷。其中,有林地面积 5881 万公顷,占林地面积的 82.46%;疏林地面积 70 万公顷,占 0.98%;灌木林地面积 491 万公顷,占 6.88%。活立木总蓄积 31.84 亿立方米,占全国活立木总蓄积的 19.59%,其中森林蓄积 28.95 亿立方米,占该林区活立木总蓄积的 90.90%。

森林面积按林种分,防护林 2094 万公顷,特用林 261 万公顷,用材林 2963 万公顷,薪炭林 50 万公顷,经济林 759 万公顷。森林面积各林种构成如图 3-29 所示。

天然林面积 3214 万公顷,人工林面积 2667 万公顷,分别占该林区有林地面积的 55%、45%。天然林蓄积 18.91 亿立方米,人工林蓄积 10.04 亿立方米,分别占该林区

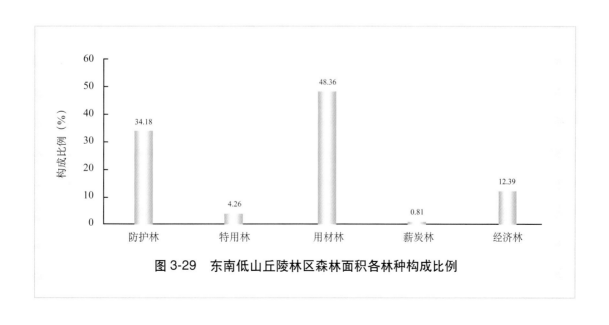

图 3-29 东南低山丘陵林区森林面积各林种构成比例

森林蓄积的 65%、35%。

乔木林面积 4651 万公顷，乔木林蓄积 28.95 亿立方米。其中，幼龄林面积 1966 万公顷，蓄积 5.53 亿立方米；中龄林面积 1674 万公顷，蓄积 11.82 亿立方米；近熟林面积 555 万公顷，蓄积 5.51 亿立方米；成熟林面积 373 万公顷，蓄积 4.42 亿立方米；过熟林面积 83 万公顷，蓄积 1.67 亿立方米。乔木林各龄组面积和蓄积构成比例如图 3-30 所示。

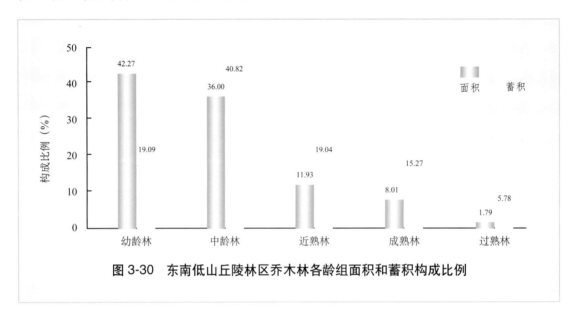

图 3-30　东南低山丘陵林区乔木林各龄组面积和蓄积构成比例

三、西南高山林区

西南高山林区位于中国西南边疆，青藏高原的东南部，包括西藏自治区全部、四川和云南两省部分地区。该区域地处我国季风湿润、半湿润、半干旱、干旱气候区，气候类型多样，林区地形复杂，因而植物种类繁多，是最丰富、最独特的野生植物宝库。该林区森林总面积 4483 万公顷，森林覆盖率 23.78%。

该林区林地 5832 万公顷。其中，有林地面积 3380 万公顷，占林地面积的 57.96%；疏林地面积 95 万公顷，占 1.62%；灌木林地面积 1804 万公顷，占 30.94%。活立木总蓄积 55.28 亿立方米，占全国活立木总蓄积的 34.39%，其中森林蓄积 52.85 亿立方米，占该林区活立木总蓄积的 95.60%。

森林面积按林种分，防护林 2750 万公顷，特用林 531 万公顷，用材林 922 万公顷，薪炭林 43 万公顷，经济林 236 万公顷。森林面积各林种构成如图 3-31 所示。

天然林面积 2841 万公顷，人工林面积 539 万公顷，分别占该林区有林地面积的 84%、16%。天然林蓄积 51.32 亿立方米，人工林蓄积 1.53 亿立方米，分别占该林区森林蓄积的 97%、3%。

乔木林面积 3127 万公顷，乔木林蓄积 52.85 亿立方米。其中，幼龄林面积 653 万公顷，蓄积 3.08 亿立方米；中龄林面积 680 万公顷，蓄积 6.36 亿立方米；近熟林面积 586 万公顷，蓄积 9.18 亿立方米；成熟林面积 703 万公顷，蓄积 17.46 亿立方米；过熟林面积 506 万公顷，蓄积 16.77 亿立方米。乔木林各龄组面积和蓄积比例如图 3-32 所示。

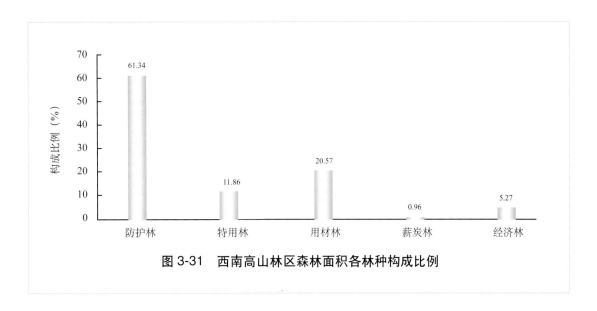

图 3-31　西南高山林区森林面积各林种构成比例

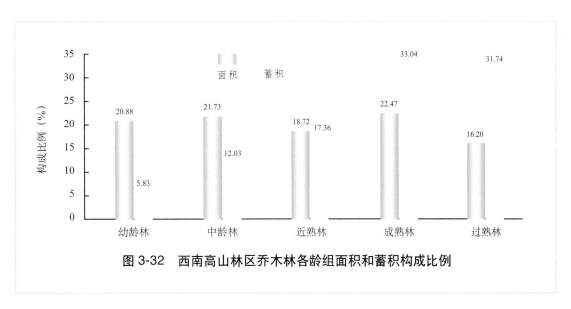

图 3-32　西南高山林区乔木林各龄组面积和蓄积构成比例

四、西北高山林区

西北高山林区涉及新疆、甘肃、陕西3省（自治区），包括新疆天山、阿尔泰山、甘肃白龙江、祁连山等林区、陕西秦岭、巴山等林区。该林区空间分布较为分散，其气候条件差异较大，从西北到东南纵跨中温带、南温带、北亚热带、高原气候区等4个气候带，形成了多种不同的森林植被类型。该林区以天然林为主，大多数分布在高山峻岭及水分条件较好的山地，具有重要的水源涵养，防风阻沙等作用，对西北地区生态环境和经济社会发展具有举足轻重的作用。该林区森林总面积545万公顷，森林覆盖率49.90%。

该林区林地764万公顷。其中，有林地面积501万公顷，占林地面积的65.65%；疏林地面积25万公顷，占3.25%；灌木林地面积143万公顷，占18.72%。活立木总蓄积6.01亿立方米，占全国活立木总蓄积的3.74%，其中森林蓄积5.74亿立方米，占该林区活立木总蓄积的95.50%。

森林面积按林种分，防护林337万公顷，特用林135万公顷，用材林39万公顷，薪炭林14万公顷，经济林20万公顷。森林面积各林种构成如图3-33所示。

天然林面积436万公顷，人工林面积65万公顷，分别占该林区有林地面积的87%、13%。天然林蓄积5.56亿立方米，人工林蓄积0.18亿立方米，分别占该林区森林蓄积的97%和3%。

乔木林面积480万公顷，乔木林蓄积5.74亿立方米。其中，幼龄林面积96万公顷，蓄积0.28亿立方米；中龄林面积136万公顷，蓄积1.21亿立方米；近熟林面积86万公顷，蓄积1.16亿立方米；成熟林面积97万公顷，蓄积1.67亿立方米；过熟林面积64万公顷，

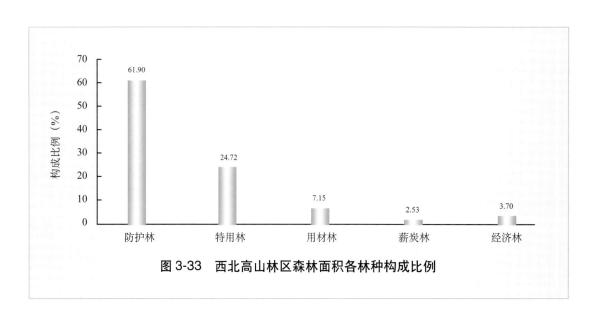

图3-33 西北高山林区森林面积各林种构成比例

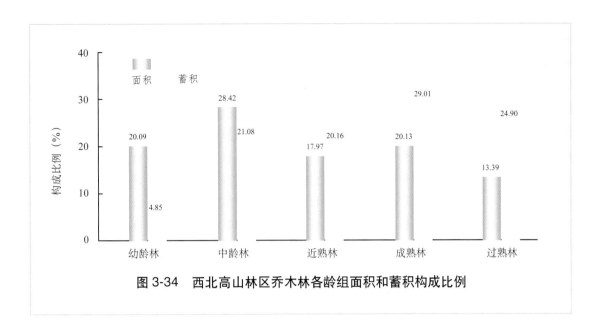

图 3-34　西北高山林区乔木林各龄组面积和蓄积构成比例

蓄积 1.43 亿立方米。乔木林各龄组面积和蓄积构成比例如图 3-34 所示。

五、热带林区

热带林区包括云南、广西、广东、海南、西藏等 5 省（自治区）的部分地区。该林区热量充裕，全年基本无霜。年降水量充沛，降水主要集中在夏季，干湿季分明。热带季雨林是热带林区典型的森林类型，其它森林类型还有热带常绿阔叶林、热带雨林、红树林等。该林区森林总面积 1294 万公顷，森林覆盖率 47.79%。

该林区林地 1529 万公顷。其中，有林地面积 1211 万公顷，占林地面积的 79.20%；疏林地面积 6 万公顷，占 0.41%；灌木林地面积 126 万公顷，占 8.22%。活立木总蓄积 10.70 亿立方米，占全国活立木总蓄积的 6.66%，其中森林蓄积 10.03 亿立方米，占该林区活立木总蓄积的 93.77%。

森林面积按林种分，防护林 365 万公顷，特用林 200 万公顷，用材林 431 万公顷，薪炭林 19 万公顷，经济林 280 万公顷。森林面积各林种构成如图 3-35 所示。

天然林面积 582 万公顷，人工林面积 629 万公顷，分别占该林区有林地面积的 48%、52%。天然林蓄积 8.64 亿立方米，人工林蓄积 1.39 亿立方米，分别占该林区森林蓄积的 86%、14%。

乔木林面积 914 万公顷，乔木林蓄积 10.03 亿立方米。其中，幼龄林面积 325 万公顷，蓄积 1.20 亿立方米；中龄林面积 267 万公顷，蓄积 2.14 亿立方米；近熟林面积 142 万公顷，蓄积 2.05 亿立方米；成熟林面积 124 万公顷，蓄积 2.86 亿立方米；过熟林面积

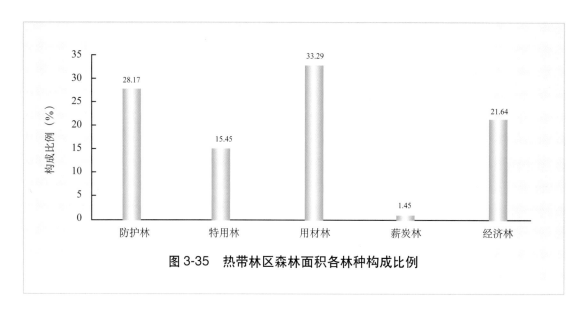

图 3-35　热带林区森林面积各林种构成比例

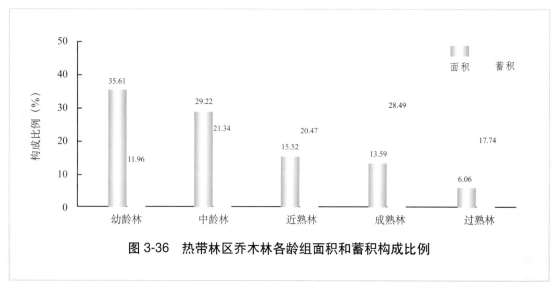

图 3-36　热带林区乔木林各龄组面积和蓄积构成比例

55 万公顷，蓄积 1.78 亿立方米。乔木林各龄组面积和蓄积比例如图 3-36 所示。

第四节　按气候大区分布

《中华人民共和国气候图集》（2002 年，气象出版社），将多年（1951～1970 年）平均年干燥度系数作为划分气候大区的干湿指标。根据各地的年干燥度系数，全国分成湿润、亚湿润、亚干旱、干旱、极干旱 5 个气候大区（附图　中华人民共和国气候大区区划图）。干燥度是指最大可能蒸发量与降水量之比，用来反映各地区的气候干湿情况。干燥度大于 1 表示降水量不敷蒸发之所需，干燥度小于 1 表示降水量有余。在湿润、亚湿润、亚干旱、干旱和极干旱等气候类型中，分别对应有森林、森林草原、草原、半荒漠和荒漠等自然景观。气候大区年干燥度指标见表 3-4。

五个气候大区，森林覆盖率以湿润区最高，达 48.20%，极干旱区森林覆盖率最低，仅为 3.58%；森林面积以湿润区最多，其森林面积占全国森林面积的 69.01%，极干旱区森林面积仅占全国森林面积的 1.78%。森林蓄积以湿润区最多，占全国森林蓄积的 78.54%，极干旱区森林蓄积仅占全国的 0.38%。森林资源按气候大区分布状况见表 3-5，五个气候大区天然林、人工林面积和蓄积如图 3-37、3-38 所示。

五大气候大区中，天然林面积以湿润区最多，为 9796 万公顷，占全国天然林面积的 80.40%。极干旱区天然林面积仅 25 万公顷，仅占全国天然林面积的 0.20%；人工林面积以湿润区最多，为 4947 万公顷，为全国人工林面积的 71.35%；干旱区人工林仅 33 万公顷，仅占全国人工林面积的 0.48%。

表 3-4　气候大区年干燥度指标

气候大区干湿程度	年干燥度
湿　润	<1.0
亚湿润	1.0～1.6
亚干旱	1.6～3.5
干　旱	3.5～16.0
极干旱	≥16.0

表 3-5　森林资源按气候大区的分布状况

统计单位	森林覆盖率（%）	森林面积（万公顷）	占全国比例（%）	森林蓄积（亿立方米）	占全国比例（%）
湿　润	48.20	15789	69.01	116.07	78.54
亚湿润	22.85	4056	17.73	25.18	17.04
亚干旱	10.21	2041	8.92	5.24	3.54
干　旱	4.21	585	2.56	0.75	0.51
极干旱	3.58	407	1.78	0.56	0.38

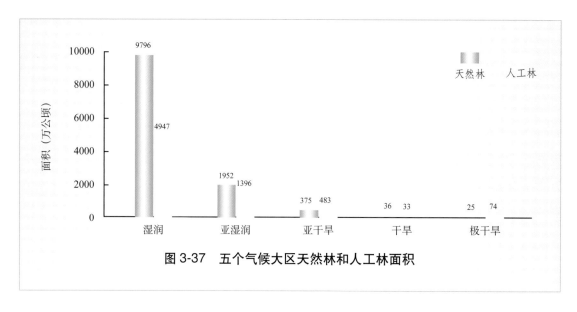

图 3-37　五个气候大区天然林和人工林面积

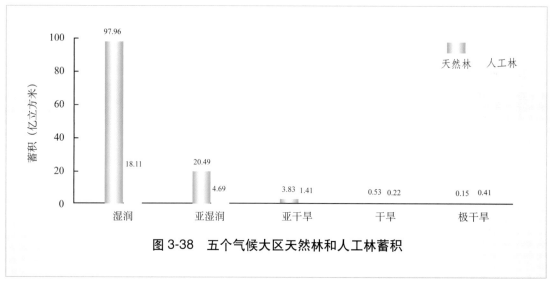

图 3-38　五个气候大区天然林和人工林蓄积

一、湿润区

湿润区森林总面积 15789 万公顷，森林覆盖率 48.20%。

该气候区林地面积 19093 万公顷。其中，有林地面积 14743 万公顷，占林地面积的 77.21%；疏林地面积 221 万公顷，占 1.16%；灌木林地面积 2180 万公顷，占 11.42%。活立木总蓄积 125.47 亿立方米，占全国活立木总蓄积的 78.54%，其中森林蓄积 116.07 亿立方米，占该区域活立木总蓄积的 92.51%。

森林面积按林种分，防护林 7098 万公顷，特用林 1213 万公顷，用材林 5881 万公顷，薪炭林 143 万公顷，经济林 1454 万公顷。森林面积各林种构成如图 3-39 所示。

天然林面积 9796 万公顷，人工林面积 4947 万公顷，分别占该区域有林地面积的 66%、34%。天然林蓄积 97.96 亿立方米，人工林蓄积 18.11 亿立方米，分别占该区域森林蓄积的 84%、16%。

乔木林面积 12688 万公顷，乔木林蓄积 116.07 亿立方米。其中，幼龄林面积 4112 万公顷，蓄积 13.37 亿立方米；中龄林面积 4233 万公顷，蓄积 33.18 亿立方米；近熟林面积 2006 万公顷，蓄积 24.53 亿立方米；成熟林面积 1616 万公顷，蓄积 27.83 亿立方米；过熟林面积 721 万公顷，蓄积 17.16 亿立方米。乔木林各龄组面积和蓄积比例如图 3-40 所示。

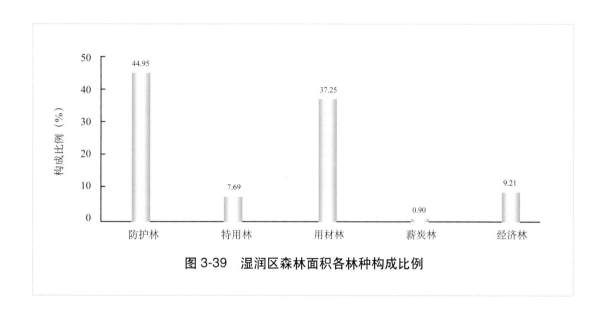

图 3-39 湿润区森林面积各林种构成比例

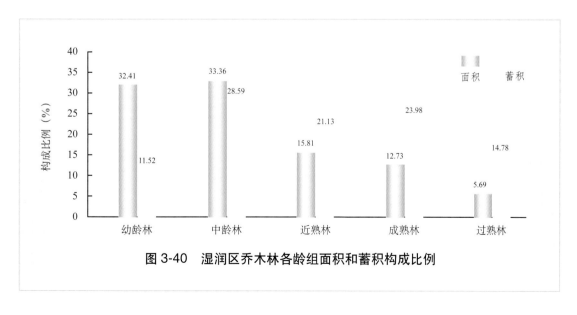

图 3-40 湿润区乔木林各龄组面积和蓄积构成比例

二、亚湿润区

亚湿润区森林总面积 4056 万公顷，森林覆盖率 22.85%。

该气候区林地面积 6035 万公顷。其中，有林地面积 3348 万公顷，占林地面积的 55.47%；疏林地面积 102 万公顷，占 1.68%；灌木林地面积 1313 万公顷，占 21.76%。活立木总蓄积 27.80 亿立方米，占全国活立木总蓄积的 17.30%，其中森林蓄积 25.18 亿立方米，占该区域活立木总蓄积的 90.55%。

森林面积按林种分，防护林 2423 万公顷，特用林 413 万公顷，用材林 695 万公顷，薪炭林 28 万公顷，经济林 496 万公顷。森林面积各林种构成如图 3-41 所示。

天然林面积 1952 万公顷，人工林面积 1396 万公顷，分别占该区域有林地面积的

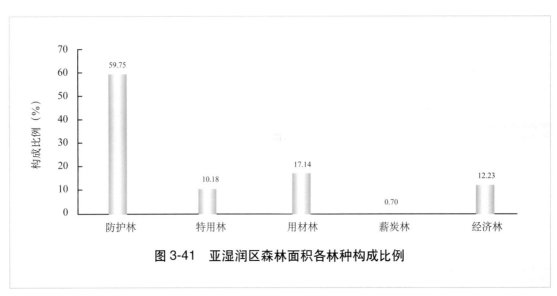

图 3-41 亚湿润区森林面积各林种构成比例

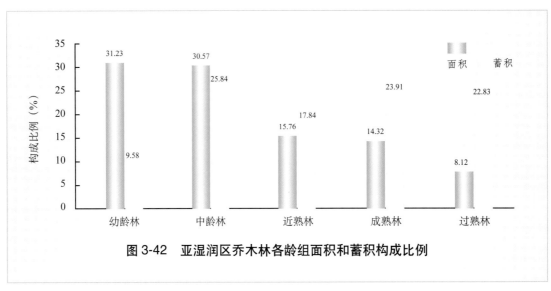

图 3-42 亚湿润区乔木林各龄组面积和蓄积构成比例

58.30%、41.70%。天然林蓄积 20.49 亿立方米，人工林蓄积 4.69 亿立方米，分别占该区域森林蓄积的 81.39%、18.61%。

乔木林面积 2851 万公顷，乔木林蓄积 25.18 亿立方米。其中，幼龄林面积 890 万公顷，蓄积 2.41 亿立方米；中龄林面积 872 万公顷，蓄积 6.51 亿立方米；近熟林面积 449 万公顷，蓄积 4.49 亿立方米；成熟林面积 408 万公顷，蓄积 6.02 亿立方米；过熟林面积 231 万公顷，蓄积 5.75 亿立方米。乔木林各龄组面积和蓄积比例见图 3-42 所示。

三、亚干旱区

亚干旱区森林总面积 2041 万公顷，森林覆盖率 10.21%。

该气候区林地面积 3822 万公顷。其中，有林地面积 858 万公顷，占林地面积的 22.46%；疏林地面积 51 万公顷，占 1.34%；灌木林地面积 1272 万公顷，占 33.28%。活立木总蓄积 5.78 亿立方米，占全国活立木总蓄积的 3.59%，其中森林蓄积 5.24 亿立方米，占该区域活立木总蓄积的 90.71%。

森林面积按林种分，防护林 1653 万公顷，特用林 193 万公顷，用材林 146 万公顷，薪炭林 5 万公顷，经济林 44 万公顷。森林面积各林种构成如图 3-43 所示。

天然林面积 375 万公顷，人工林面积 483 万公顷，分别占该区域有林地面积的 44%、56%。天然林蓄积 3.83 亿立方米，人工林蓄积 1.41 亿立方米，分别占该区域森林蓄积的 73%、27%。

乔木林面积 814 万公顷，乔木林蓄积 5.24 亿立方米。其中，幼龄林面积 304 万公顷，蓄积 0.38 亿立方米；中龄林面积 180 万公顷，蓄积 1.02 亿立方米；近熟林面积 106 万

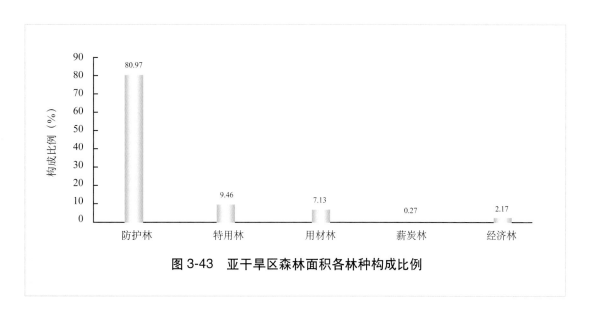

图 3-43　亚干旱区森林面积各林种构成比例

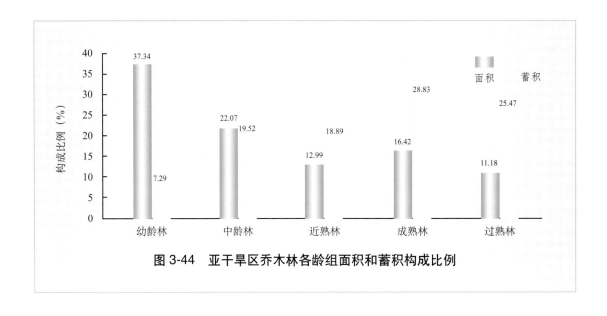

图 3-44 亚干旱区乔木林各龄组面积和蓄积构成比例

公顷，蓄积 0.99 亿立方米；成熟林面积 134 万公顷，蓄积 1.51 亿立方米；过熟林面积 91 万公顷，蓄积 1.33 亿立方米。乔木林各龄组面积和蓄积构成比例如图 3-44 所示。

四、干旱区

干旱区森林总面积 585 万公顷，森林覆盖率 4.21%。

该气候区林地面积 1207 万公顷。其中，有林地面积 69 万公顷，占林地面积的 5.78%；疏林地面积 10 万公顷，占 0.80%；灌木林地面积 516 万公顷，占 42.75%。活立木总蓄积 0.92 亿立方米，占全国活立木总蓄积的 0.57%，其中森林蓄积 0.75 亿立方米，占该区域活立木总蓄积的 81.65%。

森林面积按林种分，防护林 494 万公顷，特用林 80 万公顷，用材林 2 万公顷，经济林 10 万公顷，薪炭林面积很小。森林面积各林种构成如图 3-45 所示。

天然林面积 36 万公顷，人工林面积 33 万公顷，分别占该区域有林地面积的 52%、48%。天然林蓄积 0.53 亿立方米，人工林蓄积 0.22 亿立方米，分别占该区域森林蓄积的 71%、29%。

乔木林面积 60 万公顷，乔木林蓄积 0.75 亿立方米，其中，幼龄林面积 18 万公顷，蓄积 0.07 亿立方米；中龄林面积 15 万公顷，蓄积 0.15 亿立方米；近熟林面积 11 万公顷，蓄积 0.22 亿立方米；成熟林面积 9 万公顷，蓄积 0.17 亿立方米；过熟林面积 7 万公顷，蓄积 0.14 亿立方米。乔木林各龄组面积和蓄积构成比例如图 3-46 所示。

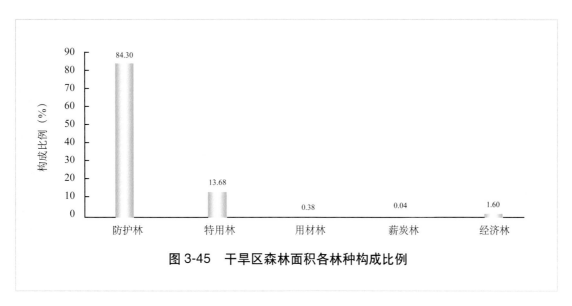

图 3-45 干旱区森林面积各林种构成比例

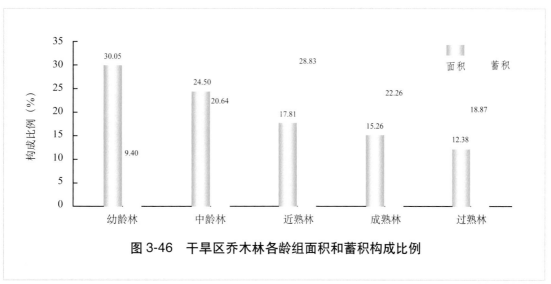

图 3-46 干旱区乔木林各龄组面积和蓄积构成比例

五、极干旱区

极干旱区森林总面积 407 万公顷，森林覆盖率 3.58%。

该气候区林地面积 889 万公顷。其中，有林地面积 99 万公顷，占林地面积的 11.15%；疏林地面积 18 万公顷，占 1.98%；灌木林地面积 309 万公顷，占 34.68%。活立木总蓄积 0.77 亿立方米，占全国活立木总蓄积的 0.48%，其中森林蓄积 0.56 亿立方米，占该区域活立木总蓄积的 72.15%。

森林面积按林种分，防护林 314 万公顷，特用林 41 万公顷，经济林 52 万公顷，用材林很少，没有薪炭林。森林面积各林种构成比例如图 3-47 所示。

天然林面积 25 万公顷，人工林面积 74 万公顷，分别占该区域有林地面积的 25%、75%。天然林蓄积 0.15 亿立方米，人工林蓄积 0.41 亿立方米，分别占该区域森林蓄积的 26%、74%。

乔木林面积 47 万公顷，乔木林蓄积 0.56 亿立方米。其中，幼龄林面积 7 万公顷，蓄积 0.07 亿立方米；中龄林面积 13 万公顷，蓄积 0.19 亿立方米；近熟林面积 11 万公顷，蓄积 0.12 亿立方米；成熟林面积 9 万公顷，蓄积 0.11 亿立方米；过熟林面积 7 万公顷，蓄积 0.07 亿立方米。乔木林各龄组面积和蓄积构成比例如图 3-48 所示。

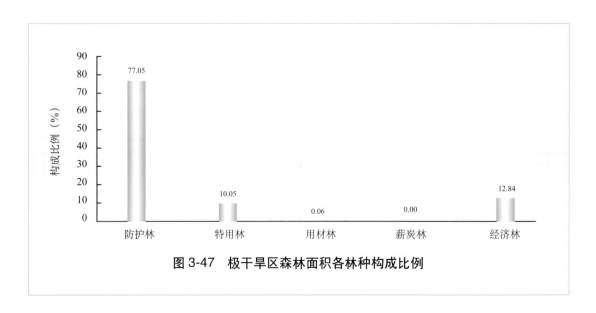

图 3-47　极干旱区森林面积各林种构成比例

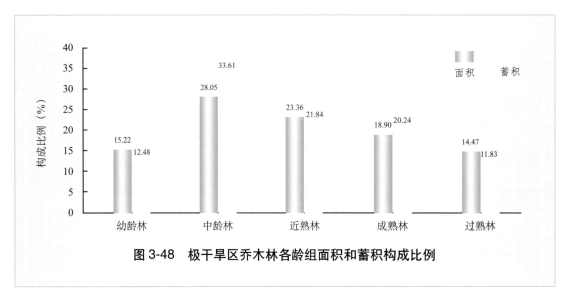

图 3-48　极干旱区乔木林各龄组面积和蓄积构成比例

第五节　按重点生态功能区分布

根据《全国主体功能区规划》(国发〔2010〕46 号),国家层面限制开发的重点生态功能区是指生态系统十分重要,关系全国或较大范围区域的生态安全,目前生态系统有所退化,需要在国土空间开发中限制进行大规模高强度工业化城镇化开发,以保持并提高生态产品供给能力的区域。经综合评价,国家重点生态功能区包括大小兴安岭森林生态功能区等 25 个地区。总面积约 386 万平方千米,占全国陆地国土面积的 40.2%。国家重点生态功能区分为水源涵养型、水土保持型、防风固沙型和生物多样性维护型四种类型。

25 个重点生态功能区,森林面积占全国的近 40%,森林蓄积占全国的近 50%。其中,水源涵养型生态功能区的森林面积占全国的 18.09%,蓄积占全国的 23.42%。水源涵养型与水土保持型生态功能区的森林覆盖率较高,分别为 33.67% 和 33.55%;防风固沙型生态功能区的森林覆盖率最低,仅为 6.27%。四类生态功能区森林资源主要结果见表 3-6。

水源涵养型与生物多样性维护型生态功能区的天然林较多,其面积占四类生态功能区的 91.41%,占全国的 42.64%。同时这两个区的天然林占有林地比例也较大,分别为 89.42% 和 83.90%。四类生态功能区天然林和人工林面积如图 3-49 所示。

一、水源涵养型生态功能区

水源涵养型生态功能区包括大小兴安岭森林生态功能区、长白山森林生态功能区、

表 3-6　四类生态功能区森林资源主要结果

统计单位	森林覆盖率 (%)	森林面积 (万公顷)	占全国比例 (%)	森林蓄积 (亿立方米)	占全国比例 (%)
水源涵养型生态功能区	33.67	4139	18.09	34.61	23.42
水土保持型生态功能区	33.55	830	3.63	2.77	1.87
防风固沙型生态功能区	6.27	723	3.16	1.28	0.86
生物多样性维护型生态功能区	23.89	2707	11.83	32.49	21.99

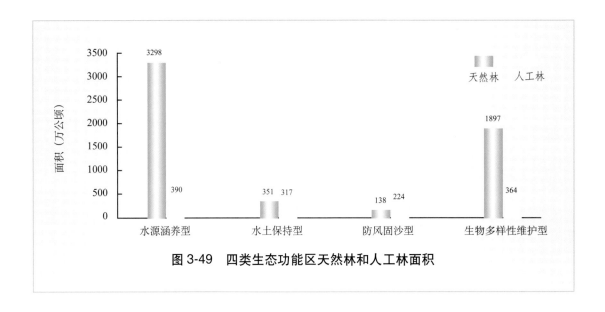

图 3-49 四类生态功能区天然林和人工林面积

阿尔泰山地森林草原生态功能区、三江源草原草甸湿地生态功能区、若尔盖草原湿地生态功能区、甘南黄河重要水源补给生态功能区、祁连山冰川与水源涵养生态功能区、南岭山地森林及生物多样性生态功能区等 8 个区域，总面积约 124 万平方千米，占国土面积的 13.0%。该功能区多处于大江大河源头及上游地区，植被类型为森林、草原、湿地，森林覆盖率 33.67%，在全国林业和生态建设中占有重要地位。

水源涵养型生态功能区林地面积 5074 万公顷。其中，有林地面积 3688 万公顷，占林地面积的 72.70%；疏林地面积 54 万公顷，占 1.06%；灌木林地面积 580 万公顷，占 11.44%。活立木总蓄积 37.51 亿立方米，其中森林蓄积 34.61 亿立方米，占该地区活立木总蓄积的 92.25%。

森林面积按林种分，防护林 2306 万公顷，占 55.71%；特用林 589 万公顷，占 14.23%；用材林 1189 万公顷，占 28.73%；薪炭林 2 万公顷，占 0.06%；经济林 53 万公顷，占 1.27%。森林面积各林种构成如图 3-50 所示。

天然林面积 3298 万公顷，人工林面积 390 万公顷，分别占该地区有林地面积的 89%、11%；天然林蓄积 32.44 亿立方米，人工林蓄积 2.17 亿立方米，分别占该地区森林蓄积的 94%、6%。

乔木林面积 3595 万公顷，乔木林蓄积 34.61 亿立方米。其中，幼龄林面积 742 万公顷，蓄积 2.81 亿立方米；中龄林面积 1425 万公顷，蓄积 12.56 亿立方米；近熟林面积 655 万公顷，蓄积 8.01 亿立方米；成熟林面积 527 万公顷，蓄积 7.39 亿立方米；过熟林面积 246 万公顷，蓄积 3.84 亿立方米。乔木林各龄组面积、蓄积构成比例如图 3-51 所示。

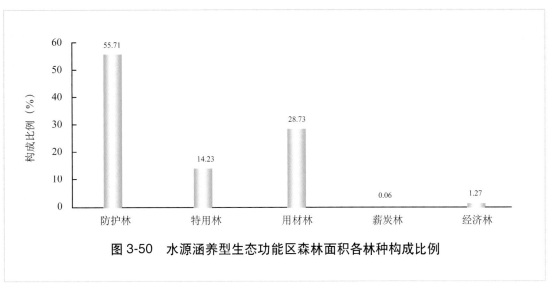

图 3-50 水源涵养型生态功能区森林面积各林种构成比例

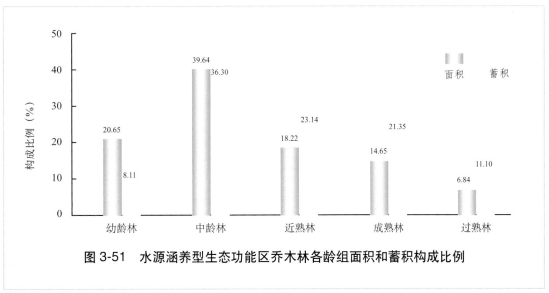

图 3-51 水源涵养型生态功能区乔木林各龄组面积和蓄积构成比例

二、水土保持型生态功能区

水土保持型生态功能区包括黄土高原丘陵沟壑水土保持生态功能区、大别山水土保持生态功能区、桂黔滇喀斯特石漠化防治生态功能区、三峡库区水土保持生态功能区等 4 个区域，总面积约 25 万平方千米，占国土面积的 2.6%。该功能区多处于土壤侵蚀敏感程度较高的地区，森林覆盖率为 33.55%。该地区森林植被的保护与发展对改善全国生态状况具有至关重要的作用。

水土保持型生态功能区林地面积 1254 万公顷。其中，有林地面积 668 万公顷，占林地面积的 53.18%；疏林地面积 19 万公顷，占 1.50%；灌木林地面积 261 万公顷，占 20.80%。活立木总蓄积 3.13 亿立方米，其中森林蓄积 2.77 亿立方米，占该地区活立木总蓄积的 88.47%。

森林面积按林种分，防护林 452 万公顷，占 54.43%；特用林 23 万公顷，占 2.75%；用材林 206 万公顷，占 24.83%；薪炭林 11 万公顷，占 1.36%；经济林 138 万公顷，占 16.63%。森林面积各林种构成如图 3-52 所示。

天然林面积 351 万公顷，人工林面积 317 万公顷，分别占该地区有林地面积的 53%、47%；天然林蓄积 1.95 亿立方米，人工林蓄积 0.82 亿立方米，分别占该地区森林蓄积的 71%、29%。

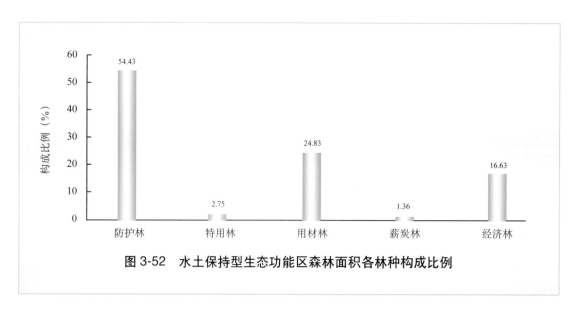

图 3-52　水土保持型生态功能区森林面积各林种构成比例

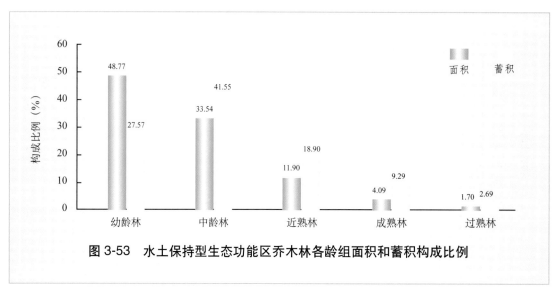

图 3-53　水土保持型生态功能区乔木林各龄组面积和蓄积构成比例

乔木林面积519万公顷,乔木林蓄积2.77亿立方米。其中,幼龄林面积253万公顷,蓄积0.76亿立方米;中龄林面积174万公顷,蓄积1.15亿立方米;近熟林面积62万公顷,蓄积0.52亿立方米;成熟林面积21万公顷,蓄积0.26亿立方米;过熟林面积9万公顷,蓄积0.08亿立方米。乔木林各龄组面积、蓄积构成比例如图3-53所示。

三、防风固沙型生态功能区

防风固沙型生态功能区包括塔里木河荒漠化防治生态功能区、阿尔金草原荒漠化防治生态功能区、呼伦贝尔草原草甸生态功能区、科尔沁草原生态功能区、浑善达克沙漠化防治生态功能区、阴山北麓草原生态功能区等6个区域,土地面积121万平方千米,占国土面积的12.6%。该功能区多为沙地与草原,土地沙漠化敏感程度高,生态系统脆弱,森林植被较少,森林覆盖率只有6.27%。

防风固沙型生态功能区林地面积1523万公顷。其中,有林地面积362万公顷,占林地面积的23.67%;疏林地面积20万公顷,占1.32%;灌木林地面积367万公顷,占24.09%。活立木总蓄积1.44亿立方米,其中森林蓄积1.28亿立方米,占该地区活立木总蓄积的88.62%。

森林面积按林种分,防护林589万公顷,占81.44%;特用林26万公顷,占3.59%;用材林76万公顷,占10.56%;薪炭林1万公顷,占0.13%;经济林31万公顷,占4.28%。森林面积各林种构成如图3-54所示。

天然林面积138万公顷,人工林面积224万公顷,分别占该地区有林地面积的38%、62%;天然林蓄积0.51亿立方米,人工林蓄积0.77亿立方米,分别占该地区森

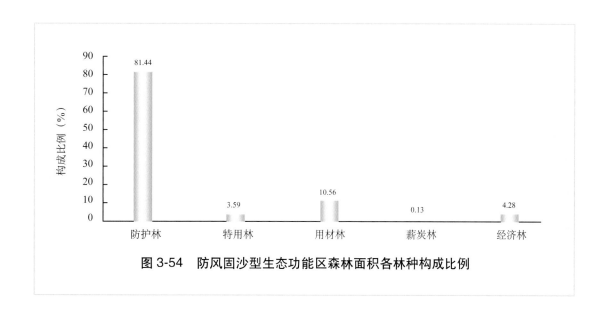

图 3-54 防风固沙型生态功能区森林面积各林种构成比例

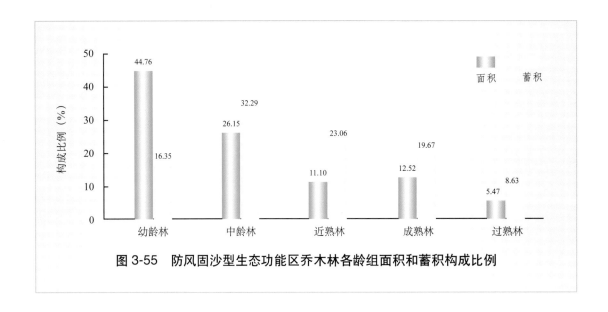

图 3-55　防风固沙型生态功能区乔木林各龄组面积和蓄积构成比例

林蓄积的 40%、60%。

乔木林面积 331 万公顷,乔木林蓄积 1.28 亿立方米。其中,幼龄林面积 148 万公顷,蓄积 0.21 亿立方米;中龄林面积 87 万公顷,蓄积 0.41 亿立方米;近熟林面积 37 万公顷,蓄积 0.30 亿立方米;成熟林面积 41 万公顷,蓄积 0.25 亿立方米;过熟林面积 18 万公顷,蓄积 0.11 亿立方米。乔木林各龄组面积、蓄积构成比例如图 3-55 所示。

四、生物多样性维护型生态功能区

生物多样性维护型生态功能区包括川滇森林及生物多样性生态功能区、秦巴生物多样性生态功能区、藏东南高原边缘森林生态功能区、藏西北羌塘高原荒漠生态功能区、三江平原湿地生态功能区、武陵山区生物多样性与水土保持生态功能区、海南岛中部山区热带雨林生态功能区等 7 个区域,土地面积约 116 万平方千米,占国土面积的 12.0%。该地区野生动植物资源丰富,生态系统类型多样,是许多重要物种栖息地,森林覆盖率为 23.89%。

生物多样性维护型生态功能区的林地面积 3496 万公顷。其中,有林地面积 2261 万公顷,占林地面积的 64.68%;疏林地面积 45 万公顷,占 1.28%;灌木林地面积 961 万公顷,占 27.49%。活立木总蓄积 33.45 亿立方米,其中森林蓄积 32.49 亿立方米,占该地区活立木总蓄积的 97.13%。

森林面积按林种分,防护林 1730 万公顷,占 63.92%;特用林 328 万公顷,占 12.13%;用材林 463 万公顷,占 17.10%;薪炭林 38 万公顷,占 1.40%;经济林 148 万公顷,占 5.45%。森林面积各林种构成比例如图 3-56 所示。

天然林面积 1897 万公顷，人工林面积 364 万公顷，分别占该地区有林地面积的 84%、16%；天然林蓄积 31.55 亿立方米，人工林蓄积 0.94 亿立方米，分别占该地区森林蓄积的 97%、3%。

乔木林面积 2102 万公顷，乔木林蓄积 32.49 亿立方米。其中，幼龄林面积 486 万公顷，蓄积 1.53 亿立方米；中龄林面积 471 万公顷，蓄积 3.96 亿立方米；近熟林面积 391 万公顷，蓄积 6.42 亿立方米；成熟林面积 471 万公顷，蓄积 11.98 亿立方米；过熟林面积 283 万公顷，蓄积 8.60 亿立方米。乔木林各龄组面积、蓄积比例如图 3-57 所示。

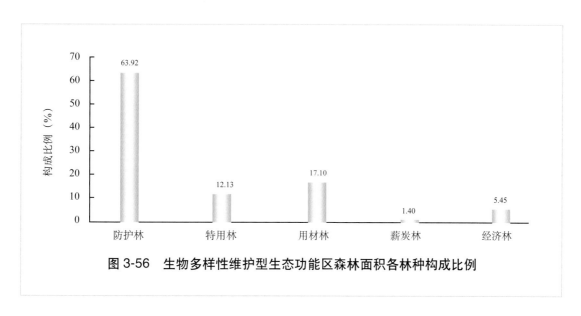

图 3-56　生物多样性维护型生态功能区森林面积各林种构成比例

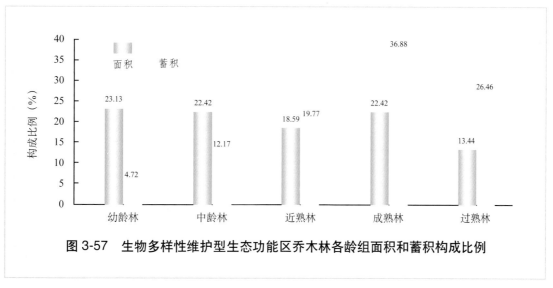

图 3-57　生物多样性维护型生态功能区乔木林各龄组面积和蓄积构成比例

第 四 章 森林资源保护发展

第四章　森林资源保护发展

新中国成立后，中国政府高度重视林业建设，森林资源步入了恢复发展时期。经过 60 多年的不懈努力，中国森林资源保护与发展取得了巨大成就，森林资源数量和质量发生了显著变化。特别是进入 21 世纪后，林业建设步入以生态建设为主的新时期，把森林资源保护与发展提升到建设生态文明和美丽中国、维护国家生态安全、实现经济社会可持续发展的战略高度，坚持严格保护、积极发展、科学经营和持续利用森林资源的基本方针，中国森林资源进入了数量增长、质量提升的稳步发展时期。

第一节　森林资源变化特点分析

第八次全国森林资源清查结果表明：全国森林面积、蓄积增长，森林覆盖率提高；天然林逐步恢复，人工林快速发展；森林质量和结构有所改善。我国森林资源总体上呈现数量持续增加、质量稳步提升、效能不断增强的发展态势。第七次和第八次两次清查间隔期内，我国森林资源变化呈现以下主要特点：

一是森林总量持续增长。森林面积由 1.95 亿公顷增加到 2.08 亿公顷，净增 1223 万公顷；森林覆盖率由 20.36% 提高到 21.63%，提高 1.27 个百分点；森林蓄积由 137.21 亿立方米增加到 151.37 亿立方米，净增 14.16 亿立方米，其中天然林蓄积增加量占 63%，人工林蓄积增加量占 37%。历次清查森林面积和森林蓄积如图 4-1 所示。

二是森林质量不断提高。森林每公顷蓄积量增加 3.91 立方米，达到 89.79 立方米；每公顷年均生长量增加 0.28 立方米，达到 4.23 立方米。每公顷株数增加 30 株，平均胸径增加 0.1 厘米，近成过熟林面积比例上升 3 个百分点，混交林面积比例提高 2 个百分点。随着森林总量增加、结构改善和质量提高，森林生态功能进一步增强。全国森

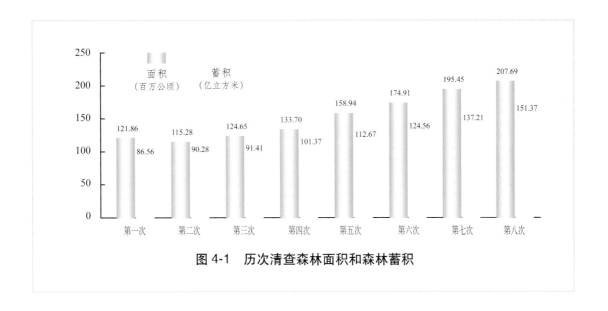

图 4-1 历次清查森林面积和森林蓄积

林植被总生物量 170.02 亿吨，总碳储量达 84.27 亿吨；年涵养水源量 58.07 百亿立方米，年固土量 81.91 亿吨，年保肥量 4.30 亿吨，年吸收污染物量 0.38 亿吨，年滞尘量 58.45 亿吨。

三是天然林稳步增加。天然林面积从原来的 11969 万公顷增加到 12184 万公顷，增加了 215 万公顷；天然林蓄积从原来的 114.02 亿立方米增加到 122.96 亿立方米，增加了 8.94 亿立方米。其中，天然林资源保护工程区天然林面积增加 189 万公顷，蓄积增加 5.46 亿立方米，对天然林增加的贡献较大。

四是人工林快速发展。人工林面积从原来的 6169 万公顷增加到 6933 万公顷，增加了 764 万公顷；人工林蓄积从原来的 19.61 亿立方米增加到 24.83 亿立方米，增加了 5.22 亿立方米。人工造林对增加森林总量的贡献明显。

五是森林采伐中人工林比重继续上升。森林年均采伐量 3.34 亿立方米。其中，天然林年均采伐量 1.79 亿立方米，减少 5%；人工林年均采伐量 1.55 亿立方米，增加 26%；人工林采伐量占森林采伐量的 46%，上升了 7 个百分点。森林采伐继续向人工林转移。

1973～2013 年开展的 8 次全国森林资源清查结果看，自 20 世纪 90 年代初以来，中国的森林面积和蓄积连续 20 多年保持双增长。特别是进入 21 世纪后，森林资源进入快速增长时期。中国森林资源总量位居世界前列。森林面积占全球森林面积的 5%，居俄罗斯、巴西、加拿大、美国之后，列第 5 位；森林蓄积占全球森林蓄积的 3%，居巴西、俄罗斯、美国、刚果民主共和国、加拿大之后，列第 6 位；人工林面积继续保持世界首位。中国的森林资源，对于维护全球生态平衡、保护生物多样性、应对气候变化、促进全球经济、生态和社会的可持续发展发挥着重要作用。森林面积排名前 6 位的国家如图 4-2 所示，森林蓄积排名前 6 位的国家如图 4-3 所示。

然而，中国仍然是一个缺林少绿、生态脆弱的国家，森林资源总量不足、质量不高、分布不均的状况仍未改变。一是总量不足。全国森林覆盖率远低于全球 31% 的平均水平，只有世界平均水平的 70%；人均森林面积 0.15 公顷，仅为世界人均水平的 1/4；人均森林蓄积 10.98 立方米，只有世界人均水平的 1/7。用仅占全球 5% 的森林资源来支撑占全球 23% 的人口对生态和林产品的巨大需求，中国森林资源总量明显不足。二是质量不高。森林每公顷蓄积量 89.79 立方米，只有世界平均水平 131 立方米的 69%，人工林每公顷蓄积量只有 52.76 立方米；林木平均胸径只有 13.6 厘米，中幼龄林面积

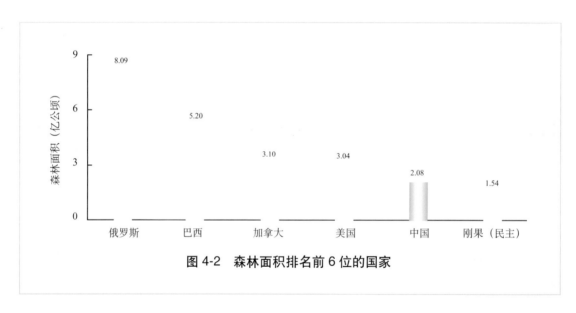

图 4-2　森林面积排名前 6 位的国家

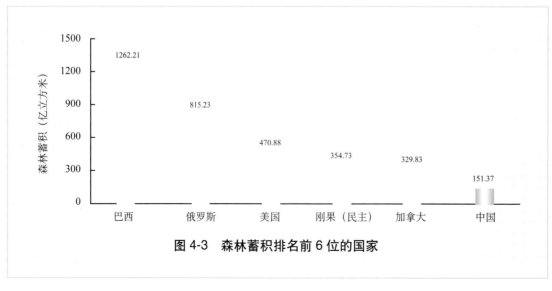

图 4-3　森林蓄积排名前 6 位的国家

占 65%，纯林面积占 61%，平均郁闭度只有不足 0.6；质量好的森林仅占 19%，生态功能好的森林只有 13%。森林质量和林地生产力还处于较低的水平，提升森林质量的潜力很大。三是分布不均。东北地区森林覆盖率 41.59%，东部地区为 37.66%，中部地区为 36.53%，西部地区 18.13%。中国东北西部、华北北部、西北大部和青藏高原西部的干旱半干旱地区，国土面积占全国的近一半（47%），森林面积仅占全国森林面积的 13%；森林覆盖率只有 6.70%，不足全国平均水平的 1/3，森林资源十分稀少。

第二节　森林资源保护发展目标

到 2020 年，森林面积比 2005 年增加 4000 万公顷，森林覆盖率达到 23% 以上，森林蓄积量比 2005 年增加 13 亿立方米，重点地区的生态问题基本解决，全国的生态状况明显改善，林业产业实力显著增强。到 2050 年，森林覆盖率达到并稳定在 26% 以上，基本实现山川秀美，生态状况步入良性循环，林产品供需矛盾得到缓解，建成比较完备的林业生态体系、比较发达的林业产业体系和比较繁荣的生态文化体系。

第三节　森林资源保护发展对策

为实现我国森林资源保护发展目标，保障国土生态安全，必须紧紧围绕建设生态文明，深入贯彻落实党的十八大和十八届三中全会精神，大力发展生态林业、民生林业，着力增加森林总量、提高森林质量、增强森林功能和应对气候变化能力，努力推动我国林业走上可持续发展道路。

一、强化森林资源保护管理，严守林业生态保护红线

科学划定并严格落实林业生态保护红线，制定最严格的林业生态保护红线管理办法。全面贯彻落实《全国林地保护利用规划纲要》，严格林地用途管制，严禁随意调整土地利用总体规划和林地保护利用规划，严禁擅自改变林地用途。严格执行林地定额管理，优先保障国家重点建设项目、基础设施项目和民生发展项目的用地需要，严格控制经营性项目占用林地。逐步提高占用林地的成本，推行林地的差别化管理，引导节约集约使用林地。始终不懈地抓好森林防火、有害生物防治工作，预防和减少各类

灾害造成森林资源损失。建立健全严守林业生态红线的法律、法规，依法打击各类破坏森林资源的违法犯罪行为，坚决遏制非法征占林地和毁林开垦现象。

二、狠抓林业生态工程建设，确保实现保护发展目标

立足于各地自然条件和现有宜林地实际，科学测算造林成本，合理安排造林任务，进一步增加造林投入，扎实推进宜林地的造林绿化进程。加大科技支撑力度，加强森林恢复和多目标经营等关键技术的研究开发和成果应用工作，强化林业生产标准化建设。加快推进生态功能区生态保护和修复，继续实施好林业生态建设工程，对重点生态脆弱区25度以上坡耕地和严重沙化耕地继续开展退耕还林。积极推进平原绿化、通道绿化、村镇绿化和森林城市建设，充分挖掘森林资源增长潜力。严格落实领导干部保护发展森林资源任期目标责任制，建立健全省、市、县三级森林增长指标考核制度，把森林面积、森林蓄积、林地保有量、森林资源保护作为考核的四个主要指标，实行年度考核评价。

三、全面深化林业各项改革，不断增强林业发展动力和活力

按照《中共中央关于全面深化改革若干重大问题的决定》精神和要求，进一步解放思想，全面深化林业改革，创新林业体制机制，增强林业发展的动力和活力。深化集体林权制度改革，赋予农民更多的财产权利，探索农民增加财产性收入渠道，进一步改革和创新集体林采伐管理、资源保护、生态补偿、税费管理等相关政策机制，建立以森林经营方案为基础的森林经营管理制度，落实林农的林木处置权，保障林农的收益权。积极稳妥地推进重点国有林区改革，健全国有林区经营管理体制，形成权、责、利相统一的国有林区发展机制，积极推进国有林场改革，按照公益事业单位管理要求，进一步明确国有林场生态公益功能定位，理顺管理体制，创新经营机制，完善政策体系。建立健全森林资源资产产权制度，进一步明晰所有权、使用权和监管权，切实履行林地林权管理职责，加强对林权流转交易的监督管理。大力推行林业综合执法和行政审批改革，强化林业执法监管职能，规范审批行为，提高审批效率。

四、大力推进森林可持续经营，着力提升森林质量和效益

把森林可持续经营作为推动林业科学发展的重要途径，全面加强森林经营工作。

建立森林经营规划制度，加快编制全国森林经营规划，按照国家主体功能区定位和林业发展区划的总体布局，形成国家、省、县三级森林经营规划体系。完善森林经营补贴制度，加大补贴投入力度。严格执行技术规程，加强森林抚育和低产低效林改造。建设一批不同类型的森林经营示范局、示范县、示范场，重点推进国有林区和国有林场森林经营，带动全国森林经营科学有序推进。逐步停止东北内蒙古重点国有林区森林主伐，促进天然林资源的休养生息，尽快恢复和提升其木材战略储备能力。通过政府扶持、市场导向、产业带动，大力发展速生丰产林、工业原料林以及珍贵大径材林，实施规模化、集约化经营，加快推进木材储备基地建设，不断增强木材和林产品的有效供给能力。

五、加强森林资源管理基础建设，提升森林资源保护管理能力

加强各级森林资源管理的能力建设，加大投入，改善森林资源管理基础设施和技术装备，逐步解决基层林业执法、资源调查、执法监督机构的人员编制和经费问题。建立长效培训机制，全面提高森林资源管理人员的素质和依法行政水平。加强林区基础设施建设，特别是要增加林区道路建设投入，切实改善林业综合生产条件，提高生态破坏事件和森林灾害的应急反应能力。进一步完善林业调查规划设计资质管理，建立森林资源资产评估师制度和评估机构认证制度。构建调查计量、科学经营、质量评价和效益评估的标准化体系，推进林业数表修编进程。积极推进森林资源"一张图、一套数、一盘棋"的"一体化"监测，深化遥感等技术的综合应用，尽早实现森林资源年度出数，为森林增长指标考核评价提供可靠信息。

后　记

　　《中国森林资源报告》由国家林业局森林资源管理司组织编写。第八次全国森林资源清查于2009年开始，历时5年，到2013年结束。本次清查采用国际上公认的"森林资源连续清查"方法，并全面采用了遥感等现代技术手段，参与清查工作的技术人员近2万名。

　　本报告凝聚了数百名森林资源监测和相关领域专家的心血，是集体智慧的结晶。在本报告编写过程中，以尹伟伦、唐守正、蒋有绪等院士为首的高级顾问组和以彭长清、张煜星等为核心的专家咨询组多次进行了具体指导，国家林业局各直属林业调查规划设计院和中国林业科学研究院给予了大力支持。报告编写组在国家林业局森林资源管理司徐济德副司长的率领下，圆满完成了本报告的编写工作，黄国胜、曾伟生、闫宏伟、聂祥永、高显连、张敏、夏朝宗、陈新云、杨学云、王孝康、龚文才、郝家田、姚顺彬、蒲莹、王雪军、张成程、胡觉、侯晓巍、徐志扬、陈永富、王兵、白卫国、马克西、古育平、甘世书、张义军等同志为报告编写付出了辛勤努力。

　　本报告的出版，希望能对关心林业和森林问题的国内外各界人士有所裨益。虽然我们为本报告的编写付出了辛劳，但疏漏之处难免，诚望广大读者提出宝贵意见。

编　者
2014年6月

附表

附表 1 全国各省（自治区、直辖市）森林资源主要指标排序表

统计单位	森林覆盖率 (%)	序号	森林面积 万公顷	序号	森林蓄积 万立方米	序号	活立木总蓄积 万立方米	序号	经济林面积 万公顷	序号	天然林面积 万公顷	序号	人工林面积 万公顷	序号	乔木林单位面积蓄积量 立方米/公顷	序号
全 国	21.63		20768.73		1513730		1643281		2056.52		12184.12		6933.38		89.79	
北 京	35.84	16	58.81	29	1425	28	1828	28	15.83	24	21.58	26	37.15	26	33.22	31
天 津	9.87	29	11.16	30	374	30	454	30	3.64	28	0.60	30	10.56	28	49.74	25
河 北	23.41	19	439.33	19	10775	22	13082	22	83.82	13	173.93	17	220.90	17	34.65	30
山 西	18.03	22	282.41	24	9739	23	11039	24	50.75	18	129.54	23	131.81	22	46.28	26
内蒙古	21.03	21	2487.90	1	134531	5	148416	5	19.80	23	1401.20	2	331.65	8	78.53	11
辽 宁	38.24	14	557.31	17	25046	16	25972	16	127.59	4	210.13	16	307.08	9	64.28	13
吉 林	40.38	11	763.87	12	92257	6	96535	6	9.61	26	602.47	7	160.56	19	122.45	4
黑龙江	43.16	9	1962.13	2	164487	4	177721	3	12.43	25	1715.60	1	246.53	11	84.37	10
上 海	10.74	28	6.81	31	186	31	380	31	2.10	30	0.00	31	6.81	30	42.74	28
江 苏	15.80	24	162.10	27	6470	26	8461	26	33.56	20	5.28	29	156.82	20	51.69	22
浙 江	59.07	3	601.36	16	21680	17	24225	17	107.95	8	342.83	13	258.53	10	52.87	20
安 徽	27.53	18	380.42	21	18075	19	21710	20	54.89	16	155.23	19	225.07	16	61.97	15
福 建	65.95	1	801.27	11	60796	7	66675	7	87.80	12	423.58	12	377.69	6	100.20	7
江 西	60.01	2	1001.81	8	40841	9	47032	9	112.01	7	663.21	6	338.60	7	51.70	21
山 东	16.73	23	254.60	25	8920	24	12361	23	93.16	10	10.08	27	244.52	12	55.25	19
河 南	21.50	20	359.07	22	17095	20	22881	19	50.97	17	131.95	22	227.12	15	55.98	18
湖 北	38.40	13	713.86	13	28653	15	31325	15	62.08	14	454.05	11	194.85	18	50.06	23
湖 南	47.77	7	1011.94	7	33099	13	37312	13	141.56	3	476.17	10	474.61	3	45.26	27
广 东	51.26	6	906.13	9	35683	11	37775	12	124.24	6	325.72	14	557.89	2	49.92	24
广 西	56.51	4	1342.70	6	50937	8	55817	8	178.19	2	481.86	9	634.52	1	56.34	17

附表 1 全国各省（自治区、直辖市）森林资源主要指标排序表

（续）

统计单位	森林覆盖率 (%)	序号	森林面积 万公顷	序号	森林蓄积 万立方米	序号	活立木总蓄积 万立方米	序号	经济林面积 万公顷	序号	天然林面积 万公顷	序号	人工林面积 万公顷	序号	乔木林单位面积蓄积量 立方米／公顷	序号
海南	55.38	5	187.77	26	8904	25	9775	25	89.10	11	51.57	24	136.20	21	91.69	8
重庆	38.43	12	316.44	23	14652	21	17437	21	21.82	22	153.80	20	92.55	25	69.47	12
四川	35.22	17	1703.74	4	168000	3	177576	4	102.03	9	891.42	4	449.26	4	141.92	3
贵州	37.09	15	653.35	15	30076	14	34384	14	41.96	19	299.07	15	237.30	13	62.83	14
云南	50.03	7	1914.19	3	169309	2	187514	2	212.10	1	1335.98	3	414.11	5	110.88	6
西藏	11.98	25	1471.56	5	226207	1	228812	1	0.60	31	844.25	5	4.88	31	266.59	1
陕西	41.42	10	853.24	10	39593	10	42416	10	127.31	5	532.16	8	236.97	14	61.93	16
甘肃	11.28	18	507.45	18	21454	18	24055	18	24.72	21	168.94	18	102.97	23	86.79	9
青海	5.63	27	406.39	20	4331	27	4884	27	3.64	29	34.05	25	7.44	29	114.43	5
宁夏	11.89	26	61.80	28	660	29	873	29	4.30	27	5.72	28	14.43	27	41.66	29
新疆	4.24	31	698.25	14	33654	12	38680	11	56.96	15	142.15	21	94.00	24	187.81	2
香港 [1]	22.55	—	2.49	—	—	—	—	—	—	—	—	—	—	—	—	—
澳门 [2]	30.00	—	0.09	—	—	—	—	—	—	—	—	—	—	—	—	—
台湾 [3]	58.79	—	210.24	—	35821	—	35874	—	—	—	—	—	—	—	—	—

注：[1] 香港特别行政区的数据来源于《中国统计年鉴（2012）》；
[2] 澳门特别行政区的数据来源于《澳门统计年鉴（2011）》；
[3] 台湾省数据来源于《第三次台湾森林资源及土地利用调查（1993）》。

附表2　世界部分国家森林资源主要指标[1] 排序表

国家	森林面积		森林蓄积		人均森林面积		人均森林蓄积		森林覆盖率	
	千公顷	序号	百万立方米	序号	公顷/人	序号	立方米/人	序号	%	序号
全球	4033060	—	527203	—	0.60	—	78.10	—	31	—
中国	207687	5	15137	6	0.15	148	10.98	125	21.63	139
俄罗斯	809090	1	81523	2	5.72	11	576.57	12	49	55
巴西	519522	2	126221	1	2.71	25	657.50	11	62	30
加拿大	310134	3	32983	5	9.32	6	991.70	6	34	98
美国	304022	4	47088	3	0.98	50	151.08	39	33	104
刚果民主共和国	154135	6	35473	4	2.40	28	552.05	13	68	21
澳大利亚	149300	7	—	—	7.08	7	—	—	19	144
印度尼西亚	94432	8	11343	7	0.42	93	49.89	68	52	46
苏丹	69949	9	972	47	1.69	35	23.51	91	29	119
印度	68434	10	5489	11	0.06	180	4.65	139	23	132
瑞典	28203	23	3358	20	3.06	23	364.80	22	69	18
日本	24979	24	—	—	0.20	128	—	—	69	19
芬兰	22157	27	2189	31	4.18	17	412.71	17	73	13
加蓬	22000	28	4895	12	15.19	4	3380.52	3	85	7
法国	15954	35	2584	28	0.26	112	41.65	74	29	120
越南	13797	40	870	51	0.16	143	9.99	129	44	67
德国	11076	47	3492	18	0.13	152	42.45	72	32	111
挪威	10065	52	987	46	2.11	30	207.05	29	33	107
新西兰	8269	61	3586	17	1.95	32	847.75	9	31	113
韩国	6222	68	605	64	0.13	153	12.56	119	63	29
朝鲜	5666	69	360	80	0.24	117	15.11	114	47	59

注：[1] 根据 FAO《2010 年全球森林资源评估报告》分析整理。

附图

中华人民共和国森林分布图

中华人民共和国卫星遥感影像图

中华人民共和国气候大区区划图

中华人民共和国森林分布图

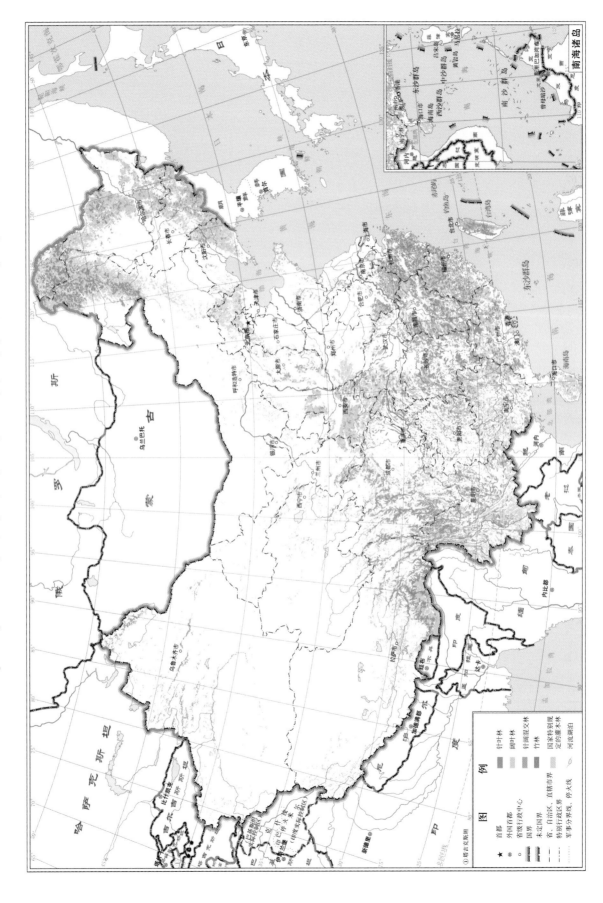

图例

针叶林
阔叶林
针阔混交林
竹林
国家特别规定的灌木林
河流湖泊

★ 首都
◎ 外国首都
◉ 省级行政中心
━━━ 国界
━━━ 未定国界
━ ━ ━ 省、自治区、直辖市界
━ ━ ━ 特别行政区界
┈┈┈ 军事分界线、停火线

南海诸岛

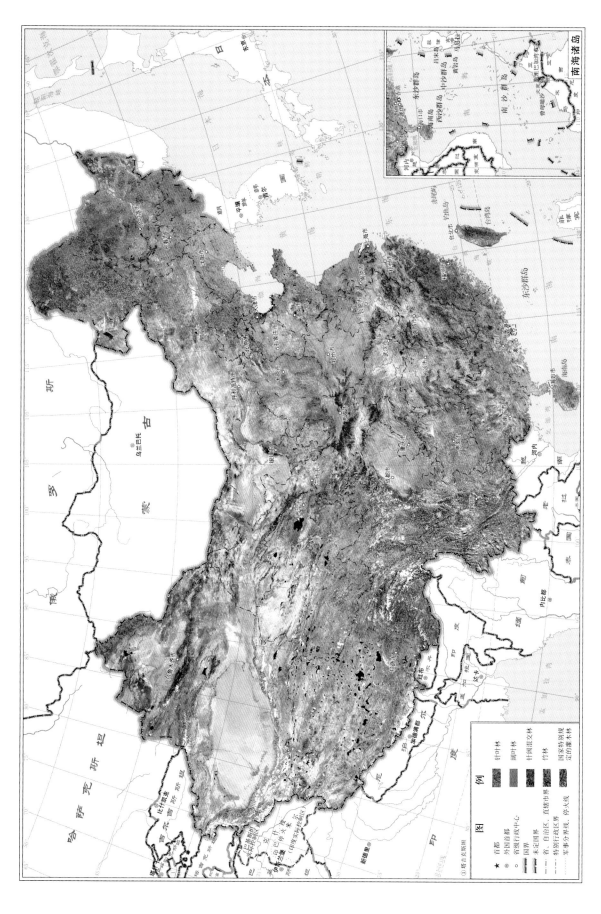

中华人民共和国卫星遥感影像图

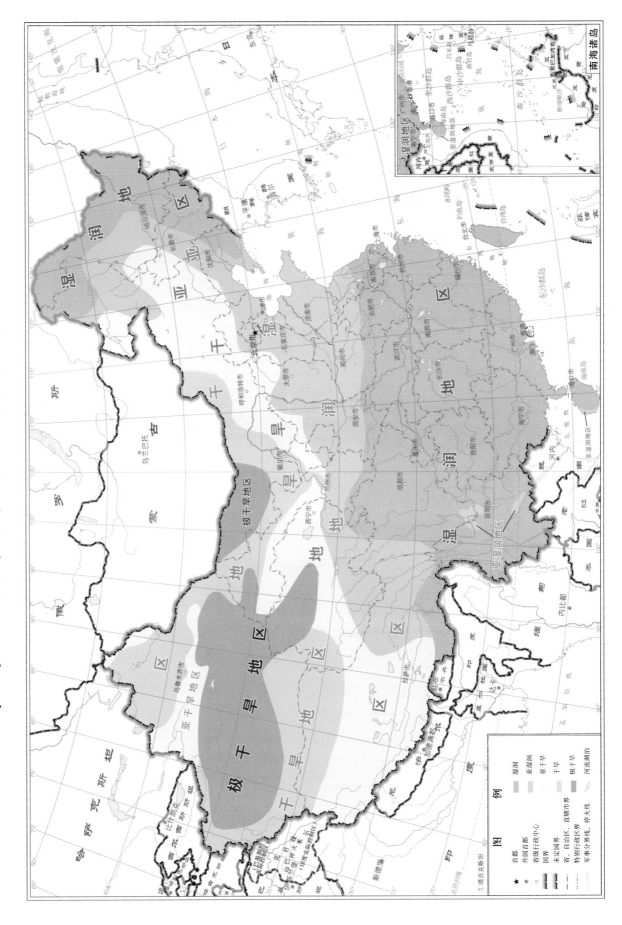

中华人民共和国气候大区区划图